의사와 약사가 알려 주지 않는

의학상식
약학상식

의사와 약사가 알려 주지 않는

의학상식
약학상식

박종하 지음

좋은땅

Prologue

    누구나 경험해 보았겠지만 병원, 특히 대형병원의 접수창구에서의 사무적 안내와 진료 구역까지의 복잡한 이정표는 젊은 사람마저 몇 번씩 같은 곳을 지났다가 되돌아오게 하는 식으로 애를 먹이기 일쑤이고, 미리 한번 와 보지 않은 사람이라면 몇 번이나 병원을 헤매게도 합니다. 심지어는 며칠을 별러 찾아간 병원에서 접수조차 하지 못하고 돌아서거나, 원하는 의사를 대면하지 못하는 일도 있습니다. 이어, 어렵게 찾아서 들어선 진료실에서는 내 병에 대한 궁금증을 거리낌 없이 묻기 어려운 분위기를 넘어, 외래어 일색의 무수한 약제가 적힌 종이 지시서를 받아들고, 그들이 안내하는 약국에서 비슷하게 생긴 알약으로 가득 찬 조제약을 받아서 돌아오게 됩니다. 그 약제들이 내 몸에서 어떠한 작용을 하는지 잘 알지 못한 채, 그저 아픈 증상이 빨리 사라져 주기를 기원하는 마음을 담아 복용을 시작합니다.

    "환자 관점에서의 의료정보"

    내일 또 찾게 될지 모를 병원 이용에 대한 막연한 두려움. 나와 나의 가족에게 의례히 닥칠 혼선과 불편함. 어쩔 수 없는 것이긴 하지만, 병원을 찾을 때마다 답답했던 그간의 경험 등을 담아 한 권의 책을 만들어 보기로 하였습니다. 여기에, 우리가 생활 속에서 접하는 다양한 질환에 대한 기초적인 의학정보를 일반인의 시각에서 정리해서 더해 보기로 했습니다. 이 책을 통해 독자들이 높은 수준의 의학 지식을 얻기보다는, **생활 속에서 우리가 환자로서 느꼈던 불편했던 경험들을 공유하고 그 병원 이용과 관련한 시행착오를 조금 덜어 보려는 희망, 우리가 맞닥드릴 수 있는 몇가지 주요 질병에 대한 상식을 높여 '병'에 대한 막연한 두려움을 줄여 보자는 의도**에서 이 무모한 도전이 시작되었음을 알아 주셨으면 하는 바램입니다.

   이 책의 대부분은 환자적 입장에서의 병원과 약국 경험을 기반으로 하여, 인터넷 포털이나 신문기사, 방송보도, 글로벌 의학 사이트 제공정보 및 일반 서적 등을 통해 확인 가능한 수백의 의료정보를 정제하여 요약한 것에 불과하나, 그 가공의 과정에서 본인의 지적 역량과 나름의 에너지가 농축된 결과물로서, 전문 의학서적이 갖는 무게감은 없겠지만 우리의 건강관리에 도움이 될 수 있는 편한 **가이드북**으로서의 가치를 가질 수 있을 거라는 믿음에서 쓰여졌습니다. 이에 더하여, 본인이 은행의 **대출 심사역(병원, 의원 담당)으로 근무하며 습득한 병원에 대한 객관적 관점에서의 평가와 함께, 일반인이 알아 두면 유용할 만한 의학, 약학 상식**을 두루 더하여 보았습니다.

"식탁 위의 사과처럼"

  분명히 말씀드리지만, 이 책은 경영학도였던 저자가 새롭게 연구하거나 밝혀 낸 내용이 아니라, 병원 및 의료서비스의 이용자적 관점에서의 다양한 경험을 바탕으로, 궁금한 여러 의료 정보를 검색하고, '정제'하여 '요약' 및 정리한 것에 불과함을 분명히 하고자 합니다. 따라서, **본서에 기술된 어떠한 의학정보라도 그것과 배치되는 의사나 약사의 의견이 있다면, 반드시 그 의료 전문가의 의견을 우선적으로 따라야 할 것입니다.**

  부디 본 서적이, 여러분 가정의 식탁 위에 놓여진 한 알의 **사과**처럼, 늘 가까이 두고 편하게 꺼내어 보되, 한입 베어 물었을 때마다 항상 그 청량감만을 느끼게 해 드릴 수 있는 그것이 되었으면 합니다.

목 차

Chapter II
약사가 알려 주지 못하는 약학상식
──────────── 부제: 현명한 약 복용법

Chapter III
치명적 질병 바로 알기

Chapter IV
오래 살기 수칙

Intro

한일 월드컵의 폭풍이 지나간 2002년 여름의 끝자락. 정상 출근하여 점심을 먹은 직후, 나의 몸에 약간의 이상이 생겼음을 직감했다. 하혈을 하기 시작한 것인데, 다짜고짜 빨갛게 번진 변기 속의 물을 보며, 적잖은 충격을 받기도 했다. 조금 지나서 그쳤으면 좋으련만, 증세는 멈추지 않고 지속되었다. 당시 서른을 갓 넘긴 나는, 스스로의 건강에 대한 확신이 있었기에 그래도 자리에 앉아 견뎌보기로 했다. 그러나 갑자기 옆자리 동료의 "왜 그래, 얼굴이 너무 창백한데?"라는 말에 더 이상 견디기 어려운 단계에 이르렀음을 직감한 나는, 서둘러 사무실을 나섰다.

당시 내가 거주하던 동네의 대표병원인 민중병원[1]까지는 대어갈 수 있다는 믿음으로 지하철 2호선에 오른다. 정신이 혼미해지는 느낌과 함께 엄청난 갈증이 밀려온다. 이렇게 죽는구나…… 한양대역에서 쓰러지듯 내린 나는, 시민 한 분의 도움을 받아, 한양대 병원 응급실

....
1   현 '건국대학교병원(서울시 광진구 소재)'의 전신.

에 도착할 수 있었다. 졸지에 초 긴급 응급환자로서 병원신세를 지게 된 그날 밤, 그 낯선 병실에서 나는 두려움에 앞선, 서러움의 눈물을 흘렸다.

"장가도 못 가 보고 이렇게 죽는구나"

일주일을 넘게 입원하면서, 두 차례의 내시경 검사를 포함하여 출혈의 원인 추적에 도움이 되는 거의 모든 검사를 다 받은 듯했다. 열흘이 지나 퇴원이 논의되던 그날, 주치의의 설명에 나는 한 번 더 놀라게 된다. "출혈의 원인은 'Unknown' 즉, 원인 불명입니다." 수차례의 내시경을 포함한 다양한 검사 결과에도 불구하고 출혈의 원인을 밝혀내지 못한 것이다. 결국 나는 병원의 권유와 직장인으로서의 현실적 사정으로, 다소 찝찝한 퇴원을 할 수밖에 없었다. 30대 초반에 겪은 이 무섭고도 불편한 경험으로 인해 나는, 남들보다 더 커진 '건강'과 '질병'에 대한 불안감을 바탕으로, 사람의 몸과 다양한 질병 등 건강 관련 이슈에 대하여 더 많은 관심과 탐구력을 갖기 시작하게 된다.

"또 한 번의 Unknown"

그 이후 세월이 흘러, 마흔을 목전에 둔 2010년 12월, 다시 한번 응급실을 찾게 된다. 당시 싱가폴에서 MBA 과정을 밟던 나는, 크리스

마스 휴가와 연말휴식 기간을 묶어 잠시 귀국했고, 아내와 한 살배기 아들과 해후했다. 세 번째 밤. 과거 지하철역에서 쓰러져 응급실로 실려간 10여 년 전의 기억과 너무도 흡사한 출혈 증상을 다시 한번 경험하게 된다.

다행히, 저녁시간에 집에서 발생한 일이라, 집에서 가까운 건국대 병원 응급실에 도착하기까지는 오래 걸리지 않았다. 응급실 대기실에서 한참을 기다려 접수를 마친 나는 상당히 다양한 검사를 마치고, 다시는 찾고 싶지 않았던, 4인 병실에 입원하게 된다. 배정받은 침대에 눕는 순간 눈물이 났던 것은, 유학기간 떨어져 있었고 아직 돌도 지나지 않은 아들과 다시 떨어진 공간에 홀로 누웠던 나의 신세, 그리고 집안의 가장이 된 나의 건강으로 인한 파장. 새벽까지 잠을 이루지 못했다.

대략 1주일간 과거 한양대 병원에서와 유사한 방식으로 매우 다양한 검사를 경험했다. 그러나, 흥미로운 사실은, 9년 전과 너무 똑같은 결과물을 받아 들었기 때문이다. '원인을 정확히 알기 어려운 (=Unknown) 장출혈'

"'주제 넘는 주제'의 책을 시작한 이유"

병이라는 것은, 누구나 걸릴 수 있지만, 그 병을 정확히 진단하고 치료하는 것은 얼마나 어려운 일인가. 치료를 떠나, 특정한 질환에 대해 아주 간편하고도 정밀하게 진단할 수 있는 기술이 있다면 얼마나 좋을까. 그런 생각을 너무나 자주, 많이 하게 된다. 앞선 두 번의 응급실 경험이 '건강'과 '질병'에 대한 지대한 관심을 낳는 결정적 계기였다면 공감이 되시는가?

나는, 이 책을 은행에서 병원 담당 심사역 근무시절인 2004년에 처음으로 구상했고, 그로부터 14년이 지난 2018년 여름 그리고 가을에 이어 해를 넘기기 직전인 이 겨울, 오랜 휴가를 얻어 새로운 도전을 준비하는 시점에 바야흐로 마무리하고 있다. 어느덧 40대 후반의 나이. 한 집안의 가장으로서, 내 몸과 내 몸의 건강은 온전히 내 것만은 아니라는 무게감이 의료정보에 대한 관심을 키웠고, 그러한 관심이 씨앗이 되어 우리나라의 중년, 그리고 그들의 부양가족에게 모두 힘이 되는 알토란 같은 정보만을 담기 위해 40도를 육박하는 폭염, 그리고 체감온도 20도의 최강 한파를 두루 맞으며, 밤을 새워 쓰고 또 썼다.

우선 **첫 번째 장**에서는 병원을 이용하면서 겪었던 몇 가지 경험을 토대로 좋은 병원을 선택하는 기준을 적어 보았고, **두 번째 장**에서는 '약'과 관련한 생활 속 기초지식에서부터 조금 심화된 약학 정보까지 정리하였다. **세 번째 장**에서는 대표적 중대 질병의 증상 및 예방법에 대해 국내 및 해외 의료정보 등을 참조하여 조금 가벼운 방식으로 정리하였다. **마지막 장**에서는, 인류의 오랜 소망인 '장수'를 위한 생활 습관 및 기타 생활 속 질병 몇 가지를 소개하는 내용을 담아 마무리하였다.

Chapter I

의사가 가르쳐 주지 않는 의학상식

부제 : 병원 이용 길라잡이

I-1
병원 선택의 딜레마: 좋은 병원 찾기

　2009년 겨울, 아내는 한 번의 유산을 경험하고 다시 얻은 소중한 아이를 배 속에 담은 만삭의 상태였다. 그해 겨울 우리나라 전역을 극한의 공포로 몰아넣은 '신종플루'로 인한 전 세계적인 감염자와 사망자[2]의 수는 지금 보아도 믿기 어려울 만큼 어마어마했는데, 당시 전국의 임산부와 그 가족들을 힘들게 했던 고민은 다름이 아니라 신종플루예방백신인 '타미플루[3]'를 임산부들이 접종해야 하는지에 대한 방향성의 부재였다.

　그나마 실력이 있다고 알려진, 저명한 의사들이 뉴스에 출현하여 "그래도 접종이 필요하다"는 의견과 "접종이 오히려 태아에게 안 좋을 수 있다"라는 정반대의 입장을 가감 없이 드러내고, 당사자와 그 가족들에게 '접종할지 말지의 선택은 자유'라는 식의 무책임한 의견을 내뱉었던 것이다.

....
2　그 시절 신종플루로 북미지역에서만 7천여 명의 사망자가 나온 것으로 보도된 바 있으나, 우리나라의 정확한 사망자수 집계는 확인하기 어려웠다. 다만, 그 기세가 꺾여가던, 2010년 1월 중 정부가 발표한 국내 사망자 숫자는 200여 명 정도로 확인된다.
3　Tamiflue: 인플루엔자 바이러스의 증식을 막아 치료하는 전문 약제.

"불신의 시작"

임산부의 남편으로서, 새로 태어날 아이의 아비로서, 조금 난감하고도 어려운 결정을 해야 했는데, 우리 가족의 최종 결론은 '그래도 맞아 두자'였다. 돌이켜 보면, 국내 수많은 의사들로부터 느낀 배신감, 그로 인한 불신이 조금씩 생겨 나던 시기였다. 이러한 불편하고도 애매한 상황(수많은 의사들이 책임감 있는 의견을 내지 않고 두루 침묵하는 상황)은 또 다시 한반도를 아노미 상태로 몰아넣었던 2015년 초여름의 메르스(MERS) 사태에서도 경험할 수 있었다. 당시 정부 주무부서는 낙타우유나 낙타고기를 먹지 말라는 식의 예방법을 제시하는 등 현실과는 동떨어진 초기 대책을 내놓은 후 많은 국민들의 비난을 받은 바 있다.

"아픈 자의 권리, 돈 내는 자의 권리"

나는 만 47세의 중년 남성이다. 나름 양호한 건강상태를 유지하고 있다. 그럼에도 살아오면서 수많은, 갖가지 질병으로 인해 병원을 찾아왔고 앞으로도 그럴 것이다. 그러나 병원은 늘 그대로인 것 같다. 내가 건강보험료로 매월 수십만 원을 납부하고, 또 매번 진료 시마다 적지 않은 비용을 부담하고 있음에도, 병원은 대체로 친근하지 않고 때로는 불편하다.

우리는, 매우 위급한 상태에서 응급실을 찾아도 번호표를 뽑고 기다리는 순간 한번 좌절하고, 오랜 기다림 끝에 접하는 기대에 못 미치는 응급진료에 다시 한번 실망하게 된다. 그리고 또다시 고민은 이어진다. 과연 이 병원에서 진료를 마칠 수 있을지. 내 병을 제대로 진단하고 치유해 줄 좋은 의사를 만날 수는 있는지. 그리고 내가 제대로 잠을 청할 수 있는 입원실은 언제 나올지. 그 입원실이 금전적으로 많은 부담이 되는 병실은 아닐지……

"좋은 의료, 좋은 의사를 찾아야 하는 이유"

물론 의료시설을 이용하는 환자의 입장에서 감내해야 하는 당연한 처우라고 치부할 수도 있을 것이다. 그럼에도 우리는 너무 흔하게 조금씩 부족한 대우를 받는다. 무엇보다 참을 수 없는 것은 그들의 불친절보다는 의료 자체의 퀄러티(quality), 즉 '질적 수준'이라고 본다. 질적으로 낮은 의료 서비스는 잘못된 진단에서 시작되고, 이로 인해 넘치거나 부족한 치료로 이어지는 것이다. 그렇다면, 질 높은 의료와, 좋은 의사 그리고 좋은 병원을 접할 수 있는 방법은 무엇인가?

이러한 질문은 누구나 궁금해하는 것이지만 이에 대한 명쾌한 답을 찾기는 매우 어렵다. 이어지는 내용에서는 내과에서 외과로 이어지는 의료 영역을 두루 살펴보면서, 나와 나의 가족이 살아오면서 직·간접적으로 겪은 다양한 병원 이용 경험을 통해 체득한, 좋은 병원을 선택하는 요령 등을 공유해 보고자 한다. 다만, 이는 나의 주관적 해석으로 정리된 것이므로, 그 기준을 따를지는 순전히 여러분들의 몫이다.

우리 동네 좋은 내과

아마도, 우리가 가장 흔히 접하게 되는 유형의 병원 진료는 '내과 계통'일 것이다. 단순한 감기, 몸살에서 시작하여 두통, 피로 등 몸이 힘들고 지칠 때 찾게 되는 내과 진료의 질은 사실 거기서 거기라는 생각이다. 오히려, 집이나 사무실과의 접근성이나, 병원의 시설(새로운 건물인지, 의료기기는 최신인지)이 더 중요한 선택기준이 될 수도 있을 것이다. 그럼에도, 다소 심각한 질환을 가진 상태에서 초기 병원을 잘못 선택하는 경우, 진단과 치료과정에서의 상당한 혼선과 비용의 과다 지출 및 병을 치유할 기회 상실 등의 문제를 두루 불러오게 될 것이다.

◆ '내과'란, 내과의 범주

우선, 내과란 무엇이고 어디까지가 내과인지를 명확히 해 두는 것이 필요해 보인다. 내과란 한자로는 '內科'라 쓴다. 즉, 신체의 내부와 관련한 진료과이기에, 영어로는 'internal medicine'이라고 하여 통상 내장(internal organs)에 생긴 질병을 외과적 수술이 아닌, 약물 등을 통해 치료하는 임상의학[4]의 한 분과로 알려진다. 소화기관(식도, 위, 대장, 소장 등)에서부터 폐와 신장, 여기에 더하여 알러지, 감기 등 다

....
4 임상의학(clinical medicine): 실제 환자에 대한 진단과 치료를 목적으로 하는 의학의 분야.

양한 생활 속 질환까지 그 범주가 어마어마하게 넓다. 과거에는 수술을 통한 치료인지를 기준으로 외과와 구분했다고 하는데, 지금은 내과에서도 수술 치료를 직접 수행하는 사례가 늘고 있어 그 전통적 경계가 점점 애매해지고 있다.

내과는 의료 영역에서 가장 근간이 되는 영역으로 알려진다. 또한, 신체의 어느 곳이나 모두 다루는 영역이므로, 개별 분과별로는 중복이 발생할 수밖에 없는데, 대한내과학회에서는 내과를 크게 9개의 분과로 나누고 있다. 다음의 표를 참조해 보자.

〈생활 속 의학상식〉 내과의 범주와 설명

구분	설명(진료의 영역)	대표 질병
소화기내과	각종 소화기관 관련 질환	• 식도암(염 · 위암(염) • 간암(염), 간경화 • 췌장암, 대장암, 담석 등
순환기내과	각종 심혈관계 질환	• 심근경색, 협심증 • 고혈압, 동맥경화, 죽상경화 등
호흡기내과	폐, 호흡 관련 질환	• 폐암, 기관지염 • 폐렴 · 결핵 등
내분비내과	호르몬 생성/분비기관 관련 질환	• 당뇨, 고지혈증 • 갑상선암 등
신장내과	신장 관련 질환	• 신부전 • 결석, 투석 등
혈액종양 내과	혈액 관련 질환 (혈액 내과), 암 연관 질환(종양내과)	• 각종 종양 • 각종 혈액 관련 질병

감염내과	박테리아(세균), 바이러스 등 감염질환	• 신종플루, 메르스 • 패혈증, 폐렴, 에이즈 등
알레르기 내과	천식, 각종 알러지 질환	• 천식 • 각종 알러지(약, 음식)
류마티스 내과	자가 면역에 의해 발생하는 질환 치료	• 류마티스 관절염 • 강직성 척추염 • 베체트병 등

◆ 좋은 내과: 조용한 입소문+많은 대기 환자

평생 나와 나의 가족이 수백 차례에 걸친 '동네 내과' 이용을 통해 내가 찾은 결론은, 우선 특출하게 뛰어난 내과를 골라내기는 어렵다는 것이고, 인터넷 검색을 통해서도 좋은 내과를 추려내기가 쉽지 않다는 것이다. 그것은 워낙 많은 수의 내과가 존재하고, 어찌 보면 실제 동네 내과의원의 수준은 질적으로도 큰 차이가 없기 때문이다. 오히려, 큰 종합병원에서도 판별해 내지 못한 아버지의 암을 조기에 진단해 냈던 내 고향 읍 소재지의 내과 의원처럼, 지역에서 오랫동안의 진료 경험을 통해 내공을 쌓아 온 의사야말로 최고의 내과의가 아닌가 싶다.

이런 식의 좋은 동네 내과의원은 ▲ 조용한 입소문을 통해 지역 내에서만 조용히 알려진 경우가 많고, ▲ 병원의 시설수준과 상관없이 대기 환자가 늘상 많아, 일정 진료대기를 견뎌야 하는 경우가 일반적이다. 그럼에도, 내과 분야에서 의원별 의사의 수준 차이는 크지 않고 또 그 수준의 차이가 꼭 필요하지 않은 경우가 많다. 결국 감기나 몸살, 소화불량, 두통과 같은 가장 흔한 질병으로 찾게 되는 내과 계통의 질병은, 대부분 시간이 약이기도 하고, 처방해 주는 약제가 대체로 비슷한 약효를 지니기 때문이다.

다만, 좋은 의사나 좋은 병원을 꼭 찾아내야 하는 경우도 있다. 예를 들면, 분명히 아픈 증상은 있는데, 여러 병원을 다녀도 차도가 없거나 증상이 오래 반복되는 경우이다. 이 경우에는 다소간의 노력을 통해 양질의 진료로 소문이 났거나 의료수준이 검증된 의원을 최대한 찾아보거나, 상급병원으로의 이동을 고려해 보아야 한다. 상급병원 이동 시에는, 앞에서 살펴본 9개의 내과 분과별로 전문영역이 나눠져 있는 점을 미리 참고하는 게 좋겠다.

아래, 내가 직접 겪은 동네 병원 이용 사례를 참조하여 병원 선택의 중요성에 대해 한번 살펴보자.

◆ 정확한 진단의 중요성: 후두염 vs 식도염
몇 해 전 여름, 종로의 한 대형 건물로 근무처를 옮긴 나는 갑자기 목 부위가 크게 불편해짐을 느꼈다. 며칠간 참아 보았지만 짙은 색의 가래가 계속 끓고 목의 불편함은 나아지지 않아, 직전 사무실 근처인 M동 인근의 한 이비인후과 의원까지 가서 진료를 받게 된다. 혓바닥을 길게 잡아 빼는 방식으로 검진을 마친 의사가 제시한 병명은 '후두염'. 너무나 단호했고, 의사는 꽤 다양한 종류의 약을 처방해 주었다.

그 생소한 병을 고치기 위해, 의사의 지침대로 거의 한 달 가까이 커피도 끊고 술도 마시지 않았다.

생각보다 차도가 없어 불편함이 지속되던 차에, 회사 동료의 추천으로 사무실 건물에 바로 위치한 이비인후과 의원에 방문하여, 비슷한 방식의 처치(혓바닥을 최대한 뽑아서 목 안 쪽의 사진을 찍는 방식) 후, 의사가 던진 한마디는, "식도염이네요!"였다. 이에 나는 "네? 후두염 아니구요?"라고 놀라 물었고, 의사는 "식도염이라구요. 오늘 일주일치 약을 지어줄 테니, 2~3일 먹어 보고 차도가 있으면 약을 끊으세요~"라고 시큰둥하게 반응한다. 다소 혼란스런 진단이었지만, 놀랍게도 사나흘이 지나 확실히 나아진 나는, 일주일 만에 좋아하는 커피도 다시 입에 댈 수 있었다. 그 이후에도 유사한 증상이 재발할 때마다, 나는 그 증상이 후두염이라기보다는 식도염이라는 자가진단을 시작하게 된다.

이와 같이, 진단의 미세한 차이는 때때로 부담스런 결과를 불러오게 된다. 즉, 문제가 있는 부위(식도)가 아닌 후두 중심의 치료가 반복될 경우, 근원적인 질병의 치유는 되기 어려운 반면, 치유가 필요하지 않은 부위에 약제가 작용함에 따라 또 다른 문제가 발생할 수도 있기 때문이다. **정확한 진단은 병을 치료하기 위한 첫 단계이자, 우리가 병원을 찾는 가장 큰 이유**이다. 정확한 진단을 내릴 수 있는 좋은 의사가 있는 의원을 찾아야 한다.

◆ 빨리 낫게 하는 병원 = 좋은 병원?

이미 말했지만 동네 내과의 경우에는, 늘상 대기환자의 수가 많거나 많은 이웃 주민들에 '잘 본다'는 식의 조용한 입소문이 있는 병원을 선택하는 것이 그래도 좋다. 간혹 동네 병원 중, 약제간 상호작용을 충분히 알려 주지 않거나, 항생제를 무분별하게 사용하는 식으로, 환자를 가볍게 여기는 의사들도 있기에 이왕이면 조금이라도 검증된 의원을 찾아야 하는 것이다.

예전에, 사무실 근처에 내가 자주 애용했고 인근 직장인들에게 꽤 유명한 내과의원이 하나 있었는데, 나의 추천으로 그 의원을 찾은 후배에게 처방된 약을 살펴 본 후배의 와이프(대형병원 간호사)가 깜짝 놀라, 그 병원 이용을 금지시킨 적이 있었다. 지나치게 센 종류의 약이 너무 쉽게 처방되고 있다는 것이 그 이유였는데, 치유의 효과는 좋아 보이지만 환자의 몸에는 조금 무리가 따를 수도 있다는 것이었다. 즉, **처방해 준 약을 먹고 병이 빨리 낫는다고 하여, 해당 약을 처방한 의사와 그 병원이 무조건 좋은 것은 아니라는 이면의 사실**을 알게 되었다.

◆ 직장인의 병원 이용 시 알아 두실 점

직장인이라면 시간의 제약으로 인해 흔히 회사 근처의 의원을 이용하게 되는데, 이 경우, 동료들로부터 해당 의원에 대한 이용 경험을 참조하는 것이 좋은데, 처방약을 조제하는 인근 약국의 약사에게 넌

지시 물어보는 경우도 있다. 이 경우, 보통의 약사들은 같은 건물 또는 인근 병원의 의료 수준에 대해 부정적으로 얘기하진 않는다. 일종의 불문율 같은 것이다. 따라서, 처방받은 약제의 효능과 복용법에 대하여 약사에게 묻는 과정에서 그 처방의사의 처방성향이나 진료수준에 대한 평가를 자연스레 이끌어 내는 것이 좋다.

한 가지 참고할 점은, 낮에 받은 처방전으로 퇴근 후 조제의뢰하거나, 토요일에 집 근처의 약국에서 조제하는 경우가 있는데, 저녁이나 토요일에 약국 사용 시 똑같은 처방전을 가지고도 약제비가 조금 올라가게 된다. 물론, 저녁이나 토요일에 병원을 이용 시에도 진료비가 오르는 것과 같은 로직이다. 그럼에도 약국의 이용과 관련하여 사용(방문) 시간별로 조제비가 달라지는 것을 알고 있는 분들이 매우 드물다는 사실은 매우 놀랍다.

'의사'와 '전문의'

　군대 시절에, 충북에 소재한 군부대에서 근무했는데, 제대를 얼마 남겨 두지 않은 초봄, 매우 쌀쌀한 날씨에 우리 소속 부대원 전체가 사격훈련을 한 적이 있었다. 자주 하는 훈련이 아니라서, 조금 긴장했고 몸이 움츠러드는 바람에 더욱 그랬는데, 문제가 생기고 말았다. 사격 훈련을 해 본 사람은 알겠지만, 군에서 쓰는 살상용 총(M16, K2)의 경우, 총에서 격발시 발생하는 소리의 크기는, 실로 엄청나게 크다. 그 소리를 바로 귓구멍 바로 옆에서 듣는다면 찢어지는 듯한 느낌이 들 수밖에 없는 규모일 것이다.

　◆ 스쳐 가는 병원 vs 내 병을 알아 주는 병원
　어쨌거나 그날의 사격훈련으로 인해 나는 심각한 귀울림 증상을 경험하게 된다. '위~잉' 하는 소리가 들리는 것 같고, 조금 울리는 소리(예: 극장에서의 스피커, 전철에서의 안내 스피거 앞)가 있는 곳에서는 귓속이 진동하는 듯한 느낌으로 특히 괴로웠는데, 귓속의 어딘가의 민감한 부위에 생채기가 난 것 같았다. 그 큰 불편을 해소하기 위해 내가 찾은 의료기관은 시골인 읍 도시 유일의 이비인후과에서 시작하여, 당시 청주에서 나름 알려진 이비인후과 세 군데를 더 거쳤지만, 귓속에 처치용 바람을 넣는 수준의 치료밖에는, 도통 치유의 방법을 찾을 수 없었다.

그해 가을, 제대 및 복학 후에도 그 귀 울림으로 인해 불편함이 지속되던 나는, 당시 내가 다니던 대학에 있는 부속병원(고려대부속병원)의 이비인후과 진료를 받게 되는데, 담당 이비인후과 전문의께서 전해 주던 말, "이걸 이명(耳鳴)라고 하는데, 이것은 특별한 치료방법이 있는 것은 아니고, 그 불편함을 일정기간 감수해야 할 것이야. 그것이 오래 걸릴 수도 있고, 평생 갈 수도 있고……"

처음에 그 얘길 들었을 때는 매우 절망스럽고, 허탈한 마음이었다. 고칠 수도 없고, 평생 갈 수도 있다고 하니. 한편으로는, 너무나도 간단해 보이는 진단인데, 내가 1년에 걸쳐 다녔던 몇 개 의원의 의사는 그 '이명'에 대해 생각해 보지 못하였을까? 그들은 단 한 번도 내게 말해 주지 않았다. 내 병을 알아 주는, 좋은 의사를 빨리 찾아야 함을 일깨워 준, 잊지 못할 병원 이용 경험이다.

◆ 의사란? 그들은 누구인가

의사(醫師)의 사전적 정의는 인체와 질병, 손상, 각종 신체 혹은 정신의 이상을 연구하거나 진단하고 치료해 주는 사람을 이른다. 대한민국에서 의사가 되고자 하는 자는 의과대학(6년 과정)이나 의학전문대학원(4년 과정)에서 의학을 전공하고 졸업하여 의학사 학위 또는 의무 석사 학위를 받아야 하고, 국가시험에 합격해야만 보건복지부장관이 발부하는 의사면허를 받을 수 있다.

의사면허까지 받은 잠재적 의사는 크게 '기초연구 의사'와 '임상의사'라는 두 가지 진로 중 하나를 선택하여 진정한 의사로서의 경력을 시작하게 되는 것이다.

〈참고〉 '의사'의 일반적 구분

구분기준	구분	설 명
기초연구 의사 vs 임상의사	기초연구 의사	• 기초의학 분야(해부학, 미생물학 등)의 전문가 • 대학이나 연구기관에 소속되어 전문 (의학) 분야의 연구 및 교육에 종사
	임상의사	• (의료기관에 소속되어) 실제 환자의 진단과 치료를 수행하는 자

〈참고〉 레지던트[resident]: 전문의가 되기 위해 수련을 받는 중의 '의사'로서, 통상 ① 의사 자격 취득 및 ② 인턴과정 수료 후 (병원 등에서) 실제 의료적 진단 및 처치와 관련한 임상경험을 하면서, 특정 진료 과목에 대한 전문의 자격을 도모한다.

◆ '전문의'란?

우리가 동네 병·의원 간판에서 흔히 보게 되는 용어 중 '전문의'가 어떠한 것인지 알아보자. 의사 자격을 취득한 모든 의사가 전문의가 되는 것은 아니고, 특정 진료분야(아래 전문과목 26개 분야)에 대해 추가적인 수련을 받고 '전문의 자격'을 취득한 의사에 한해 '전문의'라고 한다.

◇ 가정의학과	◇ 결핵과	◇ 내과	◇ 방사선종양학과
◇ 병리과	◇ 비뇨기과	◇ 산부인과	◇ 마취통증의학과
◇ 소아청소년과	◇ 신경과	◇ 신경외과	◇ 안과
◇ 성형외과	◇ 영상의학과	◇ 예방의학과	◇ 외과
◇ 응급의학과	◇ 이비인후과	◇ 정형외과	◇ 작업환경의학과
◇ 흉부외과	◇ 재활의학과	◇ 진단검사의학과	◇ 정신건강의학과
◇ 피부과	◇ 핵의학과		

[출처]: 대한민국 전문의의 수련 및 자격 인정 등에 관한 규정

전문의가 되기 위해서는 통상 4년간의 '전공의'[5] 과정(일부 과는 3년)을 거쳐야 한다. 즉, 전공의 과정을 수료하고 각 학회가 정한 기준을 충족해야만, 전문의 자격시험을 볼 수 있는 것이다. 조금 특이한 점은, 우리가 흔히 이용하는 치과에는 전문의가 없다는 것인데, 치과의 속성을 고려할 때 환자의 입장에서 그들이 전문의인지의 여부는 그다지 중요해 보이지는 않는다.

....
5   전공의: 전문의 자격을 취득하기 위해 수련을 받는 과정에 있는 '인턴' 및 '레지던트'.

<참고> 미국/영국의 의사 표기

표기	의미
Doctor	의학 학위를 받은 사람으로서, 아프거나 다친 사람을 치료하는 사람
Physician[6]	의학박사로서, 일반적 의료기술을 보유하나 수술집도를 하지 않는 의사
Surgeon	의학적 시술(수술)을 담당하는 의사
GP [General Practitioner]	(일반 개업의) 특정 지역에 거주하면서 주민들을 대상으로 일반적인 의료적 조치를 하는 사람

[개념 출처] 캠브리지영영사전(https://dictionary.cambridge.org)

....
6 미국의 의학정보를 살피다 보면, '의사'를 'physician'이라고 표기하는 경우가 많고, 이는 외과의사(surgeon)와 구분하기 위한 대칭어로 보인다. 반면, 영국 쪽에서는 우리에게 더 친숙한, 'doctor'라는 표현을 일반적으로 사용하는 것 같다.

외과병원, 외과의 범주

다음으로는, '외과'에 대해 알아보자. 외과는 한자어로 外科로서, 그대로 옮기면 '그 외의 과'이다. 즉, 내과를 우선 규정하고 그 이외의 과를 뭉뚱그려 그 이외의 과라는 의미로 표현한 것으로 보인다. 이러한 외과를 영어로는 'surgery'라고 쓴다. 이 말을 우리식으로 해석하면 '수술'이다. 즉, 넓은 의미로 외과를 정의할 때 수술을 시행하는 전문 분야라고 하므로, 대충 이해가 된다.

◆ 외과의 범주

이러한 외과의 발달이 늦어진 것은, 수술의 고통을 인간이 견딜 수 있도록 할 기술인 마취나, 감염방지 의술이 100여 년 전에야 비로소 마련되었기 때문이란다. 즉, 극심한 고통을 완화할 수 있는 기술이 발전하면서 인체의 내부에 발생한 여러 문제를 물리적으로 치유할 수 있는 외과분야도 비약적 발전을 하게 된 것이다. 아래의 표는 외과를 구성하는 일반적 범주이다.

〈생활 속 의학상식〉 외과의 구분과 치료 범주

구 분	설명(진료의 영역)	세부 내역
외과/일반외과 (Surgery/ General Surgery)	대부분의 장기를 모두를 포함하여, 외과적 질환을 망라	• 수술 • 외상, 화상 • 이식 등
정형외과 (Orthopedic surgery)	뼈, 근육, 관절 등을 다룸	• 관절염, 골절, 디스크 • 뼈에서 발생한 종양
신경외과 (Neurosurgery)	뇌 질환과 신경계 질환에 대한 수술적 치료	• 척추(신경), 디스크, • 뇌 질환(뇌종양,뇌출혈 등) • 파킨슨병, 수전증
성형외과 (Plastic surgery)	신체의 변형과 기형 수정, 기능상의 결함 등 교정	• (피부, 신체) 재건 수술 • 미용(성형수술)
흉부외과 (Thoracic surgery)	심장, 폐, 식도 등의 수술	• 심혈관 질환 수술, • 폐암, 식도암의 수술

외과의 통상적 분류는 위와 같지만, 외과간 겹치는 경우가 자주 발생하게 된다. 특히, 우리가 자주 다니는 정형외과와 신경외과의 차이가 조금 애매한데, 이 둘의 차이는 척추질환을 바라보는 관점의 차이에서 생긴다고 한다. 즉, 둘 다 척추라는 부위를 다루기는 하지만 신경외과는 신경을 중심으로 척추를 바라보는 반면, 정형외과는 뼈를 중심으로 척추를 바라본다는 것이다.

만일, 척추질환이 있는 경우로서 정형외과와 신경외과 중 어느 한 곳을 선택해야 한다면, 두 분야에 대한 전반적 시술능력 및 숙련도가 좋은 의사가 있고, 검진시설과 물리치료 장치를 잘 갖춘 병원을 찾았으면 한다. 또한, 내과와의 연계성도 고려해야 하는데, 예를 들어 동맥경화나 죽상경화 관련 혈관 질환은 순환기내과에서 1차적인 진단 등이 이루어지지만, 외과적 치료를 위해서는 흉부외과와 연계되어야 하는 것이다.

◆ 장딴지 통증 vs 요통(디스크): 반복된 오진사례

2007년 봄. 프랑스 파리 출장을 앞둔 나는, 며칠 전부터 당김 증상이 느껴지던 왼쪽 장딴지가 장기간 이동 및 여러 기관을 찾아 걷는 과정에서 많은 부담이 될 거라는 불안감이 밀려왔다. 그럼에도 출장 준비로 인해 병원 진료를 여유 있게 받지 못하던 상황에서, 인천공항 내의 약국에서 상비약을 하나 구입하는데 그친다. 하얀색 크림을 바르고 또 바르면서 10시간여의 비행시간을 조금 불편하게 견뎌 프랑스에 도착했다. 역시 불길한 예감은 현실로, 거의 처음으로 느껴본 서유럽의 봄(당시 5월). 나는 함께했던 동료들과는 다른 경로의 출장, 여행을 경험했다. 장딴지 아픔이 더욱 심해져서, 적당한 거리를 걷는 것조차 힘들어졌기 때문이었다.

10일간의 출장을 마치고 돌아온 당일, 거주지 인근의 한의원에서 진료를 받게 된다. 동네에서는 꽤 규모가 있는 수준의 한의원이었고, 내점 환자의 수도 적지 않았다. 당시 원장인 한의사는 대수롭지 않다는 투의 말씀으로, "장딴지에 뜸을 받고 며칠 경과를 지켜 보면, 좋~아질 겁니다"라는데, 1시간여의 뜨거운 그것을 맞으며, 이렇게 쉬운 진료를 무시해 왔는지. 나를 자책하면서도 이제는 벗어날 고통에 대한 기대에 들뜨게 된다.

이후 며칠이 지나도 차도를 보이지 않던 차에, 거주지인 구의동 인근의 정형외과를 방문하여, X-레이 등의 검진을 포함한 진료를 진행하게 된다. 당시 의사는, 장딴지가 당긴다는 나의 증세에 고개를 갸우뚱하기는 했지만 그것이 어디에서 오는 문제인지를 확신을 갖고 내게 일러 주지 못했다. 다만, 통증을 줄여 주는 약을 충분히 처방해 주는 선에서 서울에서의 찜찜한 진료를 마치게 된다.

이후, 이상하게도 화장실에서 앉은 중 기침할 때마다 심해지는 장딴지의 통증을 참고 지내던 차에, 시골(충북 증평읍)에 내려갈 기회가 있었다. 어머니에게 나의 통증을 이야기하자, 읍내에서 유명한 정형외과(K정형외과)가 용하다는 말씀으로 적극적 치료를 권장하셨다. 그날 급히 K정형외과에 들러 마주한 정형외과 전문의는 나의 증상을 듣다가 대뜸 "장딴지? 화장실에서 기침하면 땡긴다고요? 그건, 허리예요!" 당시에는 조금 놀랄 수밖에 없었다. 분명 아픈 곳은 장딴지인데, 허리의 문제라니? 너무 의외의 진단으로 어리둥절하던 나에게 "서울 가시면, 조금 큰 병원 가서 물리치료 좀 받아 봐요."라고 일러준다.

일주일 후, 나는 과거 어머니가 무릎관절 수술을 받았던 서울시 강남구의 중형 정형외과에 가서, 물리치료라는 것을 받게 되었다. 견인 치료와 전기치료를 1시간 정도 받고 돌아온 며칠 후, 나는 지긋지긋한 장딴지 통증에서 벗어나고 있다는 기분 좋은 느낌을 받게 된다.

◆ 의료적 진단에 대한 회의 & 경험과 시행착오

허리 디스크! 그 하나의 질병에 대한 진단과 치유까지 거쳐 간 여러 병원을 이용하는 과정에서 허비한 시간과 비용을 두루 고려한다면, 내 병을 이해하고 정확한 진단을 내릴 수 있는 좋은 병원과 좋은 의료진의 선택이 얼마나 중요한지를 깨닫게 되는 값진 기회였다.

이 경험은, 그동안 내가 신뢰해 온 의사의 진단에 본격적으로 회의를 갖게 해 주었고, 내가 겪은 환자로서의 경험을 정리하고 공유함으로써 나와 같은 일반인들의 시행착오를 줄여 줘야겠다는 각오를 다지게 해 주는 계기가 되었다.

치명적 질병에 대한 치명적 오진

　몇 해 전 가을. 내가 대학시절부터 너무 좋아했던 유명가수의 사망이 의료사고의 일환이었다는 것은 많이 알려진 사실이다. 당시, 그분은 복통 치료를 위해 응급실을 찾았다가, 통증이 심화된 상황에서 너무 길어지는 진료 대기로, 기존에 이용하던 중형 병원으로 이동하여 치료를 받다가 커진 증상으로 인해 사망하게 되고, 이후 가족들의 소송에 의해 관련 의료진은 형사처벌을 받게 된다. 만약, 그가 대형병원에서 조금 더 기다린 후 진료를 받았다면, 어땠을까. 좋은 병원을 선택하는 것이 왜 중요한지, 잘못된 의사를 만났을 경우의 폐해가 얼마나 큰 것인지 잘 알려 주는, 그러나 그리 드물지는 않은 사례라 하겠다.

　우리 주변에 병원의 수는 무한대로 많고, 좋은 병원을 찾기는 너무 어렵다. 좋은 병원을 찾는 것과 좋은 의사를 만나 진료를 받는 것은 또 다르다. 좋은 의사라 해도 그날의 컨디션이나, 환자의 고유한 특성을 100% 이해하지 못하는 경우가 많기 때문에, 적절한 치료를 받는 것은 쉽지 않다. 아래에서는 내가 의사를 신뢰하지 못하게 된 결정적 계기가 된, 생생한 경험을 공유하고자 한다. 한 치의 과장도 없이 기술한 것이다.

◆ 암 vs 일반 질병

1993년 여름을 절대로 잊을 수 없다. 당시 고향에서 군 생활을 하던 나는, 집안에 뭔가 안 좋은 상황이 생기고 있음을 알게 되었다. 당시 아버지는 알 수 없는 고통으로 힘드셨던 상황이었는데, 고향 읍내에서 가장 용하다는 내과(J내과)에서 암 진단을 받게 된다. 당시 J원장은 아버지에게 "폐암입니다. 편하게 맘 먹으시고, 앞으로 좋은 것 많이 드세요." 당시, 청주에서 교육공무원이었던 큰형은 청주의 종합병원 중 하나인 □□병원에 아버지를 모셨고, 거기에서 본격적인 정밀진단을 진행하게 된다.

당시, 나도 병실에 머무르며, 주치의가 방문하여 검사결과를 전달해 주던 그날을 잊을 수 없다. **"정밀 검진 결과, 암은 아닌 것으로 보입니다. 증평읍 J내과에서의 진료결과와는 다릅니다."** 아버지는 한국전쟁 참전용사로서 현역 군인 못지않게 강인한 정신의 소유자였고, 감정표현을 잘 하지 않는 분이셨는데, 당시 주치의의 진단결과에 무한한 안도의 표정을 읽을 수 있었다. 당시 우리 가족 모두는 건강한 아버지를 다시 볼 수 있다는 희망에 들떴고, 그 기쁨을 기존 암 판정을 내린 바 있는 J내과 원장에 대한 비난과 원망으로 대신하였다.

그러나 아쉽게도, 2개월 여 지난 후 어렵게 연결된 원자력 병원에서 최종 받아 든 결과는 '암 진단 확정'이었고, 이후 아버지는 급격히 쇠약해져 갔다. 당시 농사를 병행하던 아버지는, 가꾸어 놓으신 들판을 무한히 그리워하셨고, 그 다음해 10월 초, 영면에 드시게 된다.

사람에게 있어 '암'이라는 진단은, 일종의 시한부 선고처럼 다가온다. 그럼에도 일부 의사들의 잦은 오진은, 당사자와 그 가족을 더욱 고통스럽게도 한다. 이후, 2006년 가을. 나는 사촌누나가 대구의 중형병원(△△병원)에서 난소암을 진단(난소암, 6개월 생존 가능 진단) 받은 후, 절망감을 안고 원자력 병원에 입원하여 수술을 동의하는 절차에 함께한 적이 있는데, 적극적 치료 끝에 10년이 지난 지금까지도 나름 건강하게 생활하고 있는, 화가 나면서도 다행스런 현실을 또 한 번 경험하게 된다. 나는 **이 두 번의 직접 경험을 통해, 치명적 질병 (암)의 진단과 관련하여, 얼마나 흔하게 병원들이 치명적 오진을 저지르는지**를 절감할 수 있었다.

병원 선택의 딜레마: 큰 병원 vs 작은 병원

　최근 대형병원의 의료서비스 수준과 관련하여 부정적 시각을 담은 공중파 방송의 뉴스에서 본 내용을 옮겨 본다. 요지는 건강 보험 보장성 강화(선택 진료비 폐지+실손보험[7] 이용자 증가) 등으로 진료비 부담이 줄어듦에 따라 서울 소재 상급 종합병원, 그중에서도 5대 대형병원으로의 환자 쏠림이 더 심화되고 있다는 것이고, 공급(의료 서비스를 이용하는 환자의 수)의 과잉에 따라 의료서비스의 질은 악화되고 있다는 것이다. 보도에서 한 환자와의 인터뷰를 통해 지적한 내용은, 위급한 환자임에도 의사와 만날 기회가 적고 자신의 질병과 관련한 주치의 회진 일정 등 정보를 얻기가 더 어려워지는 현실에 대한 다수 환자들의 근원적 불만을 전하고 있다.

◆ 대형병원으로의 쏠림 현상: 고급 진료의 기회 축소

　이에 더하여, 환자가 무작정 대형병원으로 쏠리면서 정작 고급 진료가 필요한 중증환자는 치료 기회가 줄어드는 문제를 지적하기도 하는데, 고속철도(KTX) 시스템이 전국을 반나절 생활권으로 이끌기 시작하던 15년 전 은행 심사부에서 병원업종 심사를 수행하는 과정

....
7　가입한 보험금액 한도 내에서 환자가 실제 지출한 의료비를 보장하는 생활 보험의 일종.

에서, 지방 주요도시를 빠르게 연결하는 고속철도망의 확충이 지방 거주자의 의료환경을 개선시키기보다는, 오히려 수도권 대형병원으로의 쏠림을 심화시킬 것이라는 조금 앞서 간 전망이 옳았음을 확인시켜 주고 있다.

불행한 일이지만, 누구를 탓할 수 없다. 의료서비스의 질적 수준은 사람의 생명을 늘려 줄 수도, 아니면 그대로 놔둘 수도 있기 때문이다. 따라서 이러한 쏠림현상은 현행의 의료제도, 건강보험제도 등이 정치적 이슈와 함께, 일반 국민들의 의료서비스에 대한 기본 욕구와 깊이 연계되어 쉽게 해결하기 어려운 측면이 있다.

관련 방송보도에서는 한 암 환자의 인터뷰를 실었는데, 중증 환자임에도 불구하고 며칠째 입원 대기병상에서 무작정 기다리고 있는 상황을 보여 주고 있었다. 나도 스스로 응급실을 두 번이나 경험했고, 나와 가족의 입원 대기 상태를 여러 번 경험해 보았기 때문에, 너무나도 실감나는 상황이었다. 환자의 입장에서는 본격 진료 이전의 대기상황에서의 불안감은 가늠하기 어려울 정도로 큰 편인데, 기다림에 기약이 없는 상황에서의 정신적 스트레스 및 그 스트레스로 인한 병 그 자체와 가족의 심리적 불안에 미치는 부정적 영향은 미루어 말하지 않아도 될 것이다.

◆ 빠른 진료 vs 좋은 진료

그러기에, 이 상황에서는 누구나 빠지게 되는 매우 곤란한 딜레마가 시작된다. 입원 및 검진, 그리고 처치에 시간이 많이 걸리지 않을, 덜 유명한 중형병원을 선택할 것인가? 아니면, 그 대형병원의 이름값을 믿고 막연한 대기의 고통을 감수할 것인가? 이에 대해 누구도 선뜻 답하기 어려울 것이다. 기다림의 시간 대비 진료의 수준이 높아질 거라는 근원적 기대가 근거 없는 것은 아니기 때문이다.

서비스의 질과 진료의 질은 분명히 다를 것인데, 중증 환자일수록, 최고 수준의 의사로부터 진료를 통해, 병의 완치를 기대할 것은 자명하다. 나도, 나와 나의 가족에게 그러한 상황이 생긴다면 그렇게 선택할 것이다. 그럼에도, 병원의 선택에 있어, 현명한 방법이 존재하지 않을까?

〈참고〉 병원의 규모와 서비스 이용 차이 비교

구분	최상급 종합병원 (주요 상급종합병원)	종합병원 (일반 상급종합병원 및 종합병원급)	일반 병원

대기
시간
	• 예약 없는
	  당일 진료 불가
		• 예약 원칙,
		  단, 예약 없는 당일
		  진료 가능여부는 병
		  원별 사정에 따라
		  다름
			• 예약 원칙,
			  예약 없는 당일 진
			  료 대체로 가능

교통	• 주로 서울에 소재
	  (대체로 양호)
		• 대체로 양호
		  (수도권 or 지역거점)
			• 대체로 양호.
			  단, 편차 큼

최대 장점	• 진료에 대한 심리적 만족감 • 최상 의료기기/시설	• 상대적 빠른 진료, 충분한 진료시간 • 양호한 의료시설	• 빠른 진료와 진단 • 조기 입원 용이 • 충분한 진료시간
단점	• 긴 진료 대기시간 • 조기 입원 어려움 • 높은 비용 • 원하는 의사 선택 어려움	• 최상급 병원으로의 재 이동 가능성 • 높은 비용 • 조기 입원 가능여부는 병원별 사정 따라 다름	• 의료의 질 및 의료 시설 편차 존재

◆ 상급종합병원[8] vs 종합병원

누구나 상급종합병원(=2단계 요양급여 기관)에서 진료를 받기 위해서는 1단계 요양급여를 받은 후 가능토록 법령의 규칙에서 정하고 있다. 따라서, 2단계 요양급여를 상급종합병원에서 받고자 할 경우에는, 일반 병원이나 의원에서 의사소견이 기재된「건강진단·건강검진 결과서」또는「요양급여의뢰서」를 제출해야 한다. 이러한 절차의 근거와 함께, 여기에서 말하는 상급종합병원이 어떠한 것인지에 대해 알아 두는 것이 좋겠다.

------

8 상급종합병원: 중요 질병 등 상급 의료행위를 전문적으로 수행할 수 있는 시설과 의료진을 갖춘 종합병원으로, 보건복지부에서 3년 정도의 주기로 선정한다.

〈생활 속 의학상식〉 상급종합병원 이용 절차와 그 법적 근거

국민건강보험 요양급여의 기준에 관한 규칙-제2조(요양급여의 절차) [편집]

① 국민건강보험 가입자 또는 피부양자는 1단계 요양급여를 받은 후 2단계 요양급여를 받아야 한다.

② 1단계 요양급여는 상급종합병원을 제외한 요양기관에서 받는 요양급여를 말하며, 2단계 요양급여는 상급종합병원에서 받는 요양급여를 말한다.

③ (제1항 및 제2항의 규정에 불구하고) 국민건강보험 가입자 등이 다음 각호의 1에 해당하는 경우에는 상급종합병원에서 1단계 요양급여를 받을 수 있다.
1. 응급환자 2. 분만 3. 치과에서의 요양급여 4. (등록 장애인 등) 재활의학과에서의 요양급여 5. 가정의학과에서의 요양급여 6. 해당 요양기관 근무자 7. 혈우병환자

④ 국민건강보험 가입자등이 상급종합병원에서 2단계 요양급여를 받고자 하는 때에는 상급종합병원에서의 요양급여가 필요하다는 의사소견이 기재된 건강진단 · 건강검진결과서 또는 별지서식의 요양급여의뢰서를 건강보험증 또는 신분증명서와 함께 제출하여야 한다.

〈생활 속 의학상식〉 (일반) 병원의 규모에 따른 구분

구분	설 명
상급 종합병원	▲ 20개 이상의 진료과목(9개 필수과목 포함) ▲ 각 진료과목 전속 전문의 배치 ▲ 교육기능 구축(레지던트 수련병원 지정 및 레지던트 상근) 등
종합병원	100개 이상의 병상을 갖추고, 다음의 기준을 충족 ▲ 100~300병상: 7개 이상의 진료과목과 각 전속 전문의 배치 ▲ 300병상 초과: 9개 이상의 진료과목과 각 전속 전문의 배치
병원	상기 상급종합병원 및 종합병원의 기준에 미달하는 병원 (30개 이상의 병상 등의 시설을 갖추고 의료를 행하는 곳)
의원	30개 미만의 병상 또는 요양 병상을 보유

◆ 우리나라 의료기관(병원) 현황

보건의료빅데이터개방시스템을 통해, 의료기관의 현황 등 다양한 빅데이터를 쉽게 검색할 수 있다. 그중 2017.8. 기준 대한민국의 의료기관 현황에 대해 간단히 옮겨 보고자 한다. 우선, 보건소나 보건진료소 등을 제외하더라도 생각보다 엄청난 규모의 의료기관이 존재함을 알 수 있다. 즉, 병원이라 불리우는 의료기관의 수는 요양병원, 치과, 한방 의료기관을 합쳐서 전국적으로 6만 6천여 개에 달한다. 의료기관의 숫자가 많은 만큼, 의료기관별 질적 차이가 클 수밖에 없고, 반면 객관적 비교 자료가 적기에 우리의 좋은 의료기관 선택은 어려울 수밖에 없는 것이다. 따라서, 잘못된 정보를 접하거나 운이 따르지 않음으로써 좋지 않은 의료기관을 선택하게 되어 꼭 필요한 진료의 기회를 얻지 못할 여지도 너무 큰 것이다.

• 상급종합병원, 종합병원, 병원 현황

흔히, '대형병원'이라는 다소 추상적 개념에 가장 가까운 '상급종합병원'의 분포현황을 살펴보니, 2017년 말을 기준으로 전국에 43개의 상급종합병원이 존재하는 것으로 확인된다. 서울에만 14개가 존재하고, 강원(1), 경기(5), 경남(2), 광주(2), 대구(4), 대전(1), 부산(4), 울산(1), 인천(3), 인천(3), 전남(1), 전북(2), 충남(2), 충북(1) 지역에 1개 이상이 분포하는 것을 확인할 수 있다. 그 다음으로 '종합병원'은 전국적으로 301개(서울 43개)가 설립되어 운영 중이고, 일반병원은 전국적으로 1,460개나 존재한다. 동네병원이라 할 수 있는 '의원'은 전국적으로 3만 개가 넘게 분포하는 것을 알 수 있다.

• 기타 의료기관(요양병원, 한방병원, 치과병원 외)

노인인구의 증가로 어느덧 요양병원[9]의 수가 1,500개를 넘어섰고, 한방의 종합병원이라 할 수 있는 '한방병원'도 300개를 상회한다. 한편, 치과의원은 전국적으로 1만 7천 개를 넘어, 우리나라에 존재하는 '일반 의원' 숫자의 50%를 상회하고 있고, 한의원 역시 치과의원의 수에 육박할 정도로 많이 분포되어 있다.

〈참고〉 의료기관의 종류별 현황

구분	일반				특화					합계
	상급종합병원	종합병원	병원	의원	한방병원	한의원	치과병원	치과의원	요양병원	
개수	43	301	1,460	30,818	304	14,071	231	17,292	1,521	66,041

자료 출처: 보건의료빅데이터개방시스템_의료기관 현황(2017년 8월 기준)

◆ 비용의 고려: 병원 규모가 커질수록, 본인부담률도 커진다

이 장의 뒤편에서 자세히 살펴보겠지만, 종합병원 및 상급종합병원으로 갈수록, 본인부담률(전체 의료비 중 건강보험에서 커버하지 않고, 환자 본인이 부담해야 하는 비중)이 커진다는 점을 반드시 고

....
9   요양병원은 오랜 치료를 필요로 하는 환자를 대상으로, 장기 입원과 및 요양을 전문으로 하는 병원(의료기관)으로서 '요양원'과는 많이 다른, 정식 의료기관이다.

려해야 한다. 또한, 약제비의 경우에도 종합병원이나 상급종합병원에서 진료 후 받은 처방전으로 약국에서 조제시 일반 병원이나 의원 대비, 최대 2배에 가까운 본인부담금을 부담해야 한다.

이는, 대형병원으로의 쏠림현상을 방지하자는 의료정책이 반영된 것으로 보이므로, 비용의 측면에서도 그렇지만, 무조건 큰 병원을 선택하는 우리의 관행에 대해 한번쯤은 돌아봐야 함을 의미한다.

좋은 병원, 어떻게 찾을 수 있나?

그렇다면, 나와 내 가족이 가야 할, 그리고 여러분들이 가야 할 병원, 좋은 병원은 어디인가? 우선은 좋은 의사가 있는 곳이 좋은 병원이라는 생각이다. 의사라고 해서 똑같은 의사가 아니다. 가벼운 질병의 경우, 의사의 수준보다 병원의 시스템 및 접근성이 더 중요할 수도 있지만, 병의 무게감이 더해질수록 좋은 의사가 있는 좋은 병원을 찾아야 하는 당위성은 더 커질 수밖에 없을 것이다.

이러한 이유로, 중대 질병에 대해서는 대형병원을 더 많이 찾는 것이다. 대형병원의 경우 보통은 최신 의료기기와 시설을 보유했을 뿐 아니라, 의사들간 의료정보나 처치법에 대한 공유가 쉽게 이루어질 것이다. 더불어, 대형병원에 소속된 의사들에게는 충분한 휴식(휴식일)이 보장될 뿐더러, 개인병원 개업시의 기회비용(소규모 병원 운영에 따른 높은 고정비, 의료 사고 시 충격 완화 어려움, 적극적 마케팅 어려움, 간호 인력의 유지 어려움 등)을 절감할 수 있기 때문에, 젊고 유능한 인력들이 많이 있는 것으로 추정된다.

그렇다면, 모든 질병에 있어 무턱대고 대형병원만을 찾을 것인가. 아니면, 우리 주변의 동네 의원을 먼저 찾을 것인가. 또는, 비슷한 규모의 병원 중에서도 어디를 선택해야 하나. 사실, 병원의 선택에 있어서의 이러한 딜레마는 병을 정확하고 빠르게 '진단'해 내고, 이에 부합하는 '진료와 처치'를 빠르고 정확하게 받고 싶은 갈망에서 시작된다.

그러나, 아무도 정답을 말해 줄 수 없다.
"좋은 병원은 어디인가?"

◆ 좋은 병원은 어디인가?
많은 사람들은 동네 의원보다는 규모가 있는 병원이 더 낫다고 생각한다. 실제, 나와 친분이 있는 의사나 간호사는 대체로 대학병원급의 종합병원을 우선 이용할 것을 권해 준다. 그러나, 나는 종합병원에서 내게 배정된 의사보다 더 뛰어난 의원급 원장을 여러 차례 경험했다. 수많은 병원 이용 경험을 통해 내가 스스로 체화한 결론은, 병원 선택이야말로 개인마다의 진료 경험을 바탕으로, 본인의 취향에 따라 결정할 문제라는 것이다.

다음은 내가 생각하는 좋은 병원, 좋은 의사를 선택하는 기준이다. 은행에서의 심사역으로서 근무할 때에는 건전성이 좋고, 직원들에게 월급 잘 주는 병원을 선호하게 된다. 이러한 흐름에서, 좋은 병원은 돈을 잘 벌고 직원들에게 월급 잘 주는 원장이 있는 병원이라는 재무적 상식이 아래 판단의 기저에 조금씩 깔려 있다.

[좋은 병원 선택 요령 [1]] 전통적이고, 일반적인 Tips

· **작은 질병(감기 등)은 무조건 동네 의원을 먼저 선택하라.**
- 진료의 차이가 크지 않을 뿐더러, 대기 소요 시간과 진료비. 그리고 조제약값도 꽤 많이 절약된다.

· **조금이라도 입소문이 났거나, 대기 손님이 많은 병원을 가라**
- 반드시 그런 것은 아니지만, 어디건 대기 손님이 많은 곳은 이유가 있다.

· **의사의 가운이 낡았더라도, 청결한 병원을 가라**
- 진료에 자신 있는 의사는, 옷 매무새에도 여유가 있다.

· **항생제 처방 시, 설명이나 양해를 생략하는 병원은 가지 말라**
- 항생제 처방에 대한 양해와 설명 등, 기본 식견이 있는 의사를 찾아라.

· **간호사가 환자를 대하는 방식이 서툰 병원은 삼가라**
- 병원의 CEO인 원장의 직원 관리능력은, 진료능력과 강력한 상관관계가 있다.

• 간호사를 상시채용하거나 자주 바뀌는 병원은 가지 마라
- 의사가 어떤 이유든 싫거나, 제때 월급을 못 주는 병원일 수 있다.

• 예약이 특히 어려운 의료진(의사)을 찾아 선택하고, 예약하라
- 그 의사를 찾는 손님이 많다는 것과 그의 진료수준이 검증되었음을 의미한다.

• 홈페이지에, 최근 게시물이 많고 최신 정보가 있는 병원을 가라

• 인터넷 블로그, 진료 후기 등을 적극 활용하라. 단, 너무 믿지 마라
- 홍보성 블로거도 있다. 즉, 진정한 후기에 대한 분별력이 요구된다.

[좋은 병원 선택 요령 **2**] 조금 색다른 Tips

• 의사가 퉁명스럽거나 불친절해도, 괜찮다
- 다수의 환자를 다루다 보면, 직업병이 생긴다. 좋은 진료는 돈을 벌게 해 주고, 돈을 많이 번 의사는 친절로 승부하지 않는다.

• 40~50대 전후의 의사를 찾으라
- 다양한 진료 경험에 더하여 최신 의료정보를 이용한 진료를 추구할 수 있다.

· 비급여 항목 비용이 저렴한 병원을 선택하라

- 비슷한 상급병원도 비급여 항목 비용은 천차만별이다.

· 정형외과 진료는, 조금 큰 병원(병원급 이상)을 권장한다

- 검진장비도 중요하고, 물리치료실의 시설이 매우 중요하기 때문
  이다.

· 좋은 대학 출신이 대체로 낫다. 그러나 너무 얽매이지 마라

- 의대별로 우수인재가 몰리는 순위가 엄연히 존재한다. 기본적인
  학습능력이 더 우수한 것도 있지만, 좋은 학교는 좋은 교수와 좋
  은 교육시설을 보유한다.

· 빨리, 잘 낫는다 하여 무조건 좋은 의사가 아니다

- 효능이 강력하지만, 단점도 있는 약제를 택하는 의사도 있다.

· 치명적인 질병은, 미안하지만 종합병원 이상을 우선 고려하라

- 생명과 직결되는 문제라 어쩔 수 없다. 그러나 빠른 처치와 편안
  한 서비스가 필요하다면 그 아래로 눈을 낮춰라.

· 건강보험심사평가원을 통해, 높은 등급의 병원을 선택하라

- 병원에 대한 거의 유일한 객관적 비교자료이다. 최대한 활용하라.

[좋은 병원 선택 요령 ③] '응급 의료기관' 선택 Tips

개인적으로 두 번의 응급실 이용 이력과, 내 아이의 다수 응급실 경험을 통해 얻은 응급실 이용 노하우를 정리해 보았다.

• **증상이 심각할수록, 이왕이면 더 큰 병원의 응급실을 선택하라**
- 어차피, 접수 후 대기시간은 필요하다. 그렇다면 처치법이 다양하고, 숙련된 응급 의료진이 있는 곳을 찾아, 응급실을 다시 옮기는 불편을 줄여준다.

• **어린이나 유아의 경우, '어린이 전용 응급실'이 있는 병원을 이용하라**
- 그들에게 특화된 응급의료진과 고급 처치법을 보유할 가능성이 크다

• **응급실 대신 일반 심야 의원을 이용하라(기다림의 고통과 비용의 절약)**
- 주변에 24시간 또는 심야에도 진료를 하는 일반 의원이 꽤 있다. 응급실 이용보다 저렴하고, 빠른 진료가 가능하다.

양방 vs 한방: 또 하나의 선택지

　현대 의학의 발전을 주도해 온 서양의 국가와는 달리, 우리는 특정 질환의 치유에 있어 또 다른 유형의 딜레마에 빠지곤 한다. 즉, 상급 종합병원 등 대형병원은 양방 중심의 의료체계가 대세를 이루지만, 동양의 의학(한의학)이 가지는 고유의 장점이 있기에, 한방을 통한 병의 치유를 고민하게 되는 것이다. 이러한 양방과 한방의 선택은 질병의 종류 및 개인적 취향과 진료경험을 기반으로 주관적으로 판단하여 선택할 것이다. 여기에서는 척추질환 관련 한방과 양방을 이용하는 요령에 대해서만 두루 살펴보고자 한다.

　◆ 척추질환 관련 병원 이용 Tips
　생활 속 질환이자, 너무 흔한 질병인 척추질환은 한방과 양방간 치료법이 다르고, 의사의 경험이나 진료수준의 차이가 존재하기 때문에 환자가 초기에 의료기관을 잘못 선택하는 경우 상당한 시행착오를 겪기 마련이다. 따라서, 진단에서 치료까지 한방과 양방간 선택이 고민되는 대표적 영역이기도 하다. 아래의 박스는 척추질환의 치료와 관련하여 한방과 양방을 두루 경험하며 내가 느낀 나름의 기준을 정리해 본 것이다.

[좋은 병원 선택 요령 ④] 척추질환 치료기관 선택 Tips

· **한방과 양방은, 그 나름의 장점이 있다**
- 겪고 있는 질환에 따라, 본인의 나이와 취향에 더하여 주위의 조언을 듣고 결정하라. 다만, 아픈 부위 및 질환에 대한 정확한 '진단'이 우선되어야 한다.

· **비급여 비용의 규모를 파악하고, 반드시 고려하라**
- 척추질환은 비급여가 차지하는 비중이 큰 편이니, 한방과 양방모두 보험으로 커버하지 못하는 비용을 미리 고려하라.

· **물리치료시설이 좋은 병원을 선택하라.**
- 검진과 진단, 물리치료가 체계적으로 연결되어야 한다. '견인치료'나 '전기치료'는 비용부담이 크지 않으면서도 매우 효과적이다.

· **교통사고 환자 전문 병원을 피하라**
- 교통사고 환자가 유난히 많은 병원은, 의료서비스의 질보다는 병원의 재무적 필요에 의한 진료에 집중되기 때문이다.

· **담당 의사가 근무하는 날인지 체크하라**
- 병원급 이상의 의사는 매일 근무하지 않는다. 갑자기 찾아가면, 그 의료진을 만나지 못할 수도 있다.

· 물리치료를 수시로 활용하라

- 한번 진료가 시작된 병원에서는 의사의 지시나 처방 없이도 물리
  치료를 저렴하게 받을 수 있다.

◆ 내 몸은 어느 유형일까: 한방의 '사상의학'

　한방이 양방과 차별되는 점 중의 하나로, 한방의 일부에서 차용하는 '사상의학'에서는 모든 사람을 신체, 장기 활동 및 타고난 본성 등을 고려하여 4가지 유형의 체질로 분류하여, 각 유형별로 맞춤치료를 도모하는 것이다. 다만, 어떠한 사람은 성장하면서 체질이 바뀌기도 하고, 여러 체질을 복합적으로 가지고 있는 경우도 있다니, 여기에서는 참조만 해 두는 것이 좋겠다. 이 4가지 체질의 특성에 대해 간단히 알아보자.

〈참고〉한방에서 말하는 4가지 유형의 체질

유형	태음인	소음인	태양인	소양인
비중	50% 내외	30% 내외	10% 미만	20% 내외
외모 특성	• 큰 체격 • 근육/골격발달 • 큰 손, 큰 발 • 입술 두툼 • 굵은 허리	• 상체 대비 하체 발달 • 근육 적으나 골격은 굵은 편 • 대체로 작은 체격	• 체구 단단 • 상체 발달 • 남성스런 여성 • 허리 아래가 약함	• 상체 대비 하체 약함 • 가슴부위 발달 • 밝은 인상

성격	• 과묵, 묵묵 • 집념, 끈기 • 속마음 감춤 • 애교 적음 • 고집	• 차분, 온화 • 세심/소심 • 내성적 • 실리추구 • 자기 본위적	• 진취성 • 영웅심, 자존심 • 사교적 • 발명 • 공상	• 외향적 • 재치, 유머 • 성격 급함 • 자만감, 우월감
나쁜 음식	• 닭고기 • 삼겹살	• 오징어 • 밀가루	• 고단백 음식 • 소/돼지고기	• 고구마, 벌꿀 • 열 조장 음식

취약
질병
	• 변비
	• 심장 질환
	• 땀 많음
	• 폐렴, 천식,
	  기관지염
	• 고혈압,중풍,
	• 대장염,치질
		• 위염, 위장병
		• 소화기 질환
		• 만성 복통
		• 우울증, 신경
		  성질환
		• 설사, 멀미, 더
		위/추위 타는 병
			• 열이 많음
			• 간장질환
			• 소화불량
				• 생식기질환
				• 요통
				• 신장병/방광염
				• 협심증
				• 더위 잘탐

[자료출처] 이제마, 『동의수세보원』, 다음 블로그, 네이버 블로그 등 다수

건강보험심사평가원을 통한 병원 등급 찾기

　건강보험심사평가원(www.hira.or.kr, m.hira.or.kr)이 제공하는 정보의 범주는 매우 방대한 편이다. 병원에 대한 세부 항목별 평가정보에서 시작하여, 진료비 계산서 보는 법, 비급여 진료비 정보 및 각종 약품에 대한 요긴한 정보를 제대로 제공하고 있다. 이렇듯 유용한 건강보험정보 및 의료정보를 쉽게 조회할 수 있는 소스가 있는지조차 모르는 분도 꽤 있는 반면, 본 사이트에서 제공하는 양질의 정보를 수시로 조회하여 건강생활에 적극 활용하는 사람들도 많이 있는 것으로 보인다.

　아래의 내용은, 건강보험심사평가원에서 제공하는 정보 중 가장 대표적인 것으로 특정 질병에 대한 병원평가 우수등급 병원을 검색하는 절차를 정리해 본 것이다. 한번씩 시도해 보고, 나중에 요긴하게 사용해 보기 바란다.

① 병원평가 항목 선택

　건강보험 심사평가원 홈페이지에 진입하여, '병원평가'를 클릭하면, 조회할 수 있는 화면으로 넘어간다.

② 검색 대상 질환을 선택

평가수행항목에서 주요 질환이 열거되어 있을 것이다. 이중 검색 목적의 '특정질환'을 클릭한다(아래 예시에서는 '대장암'을 선택).

③ 검색할 병원 등급과 검색 지역을 설정

검색할 '등급'와 '검색지역'을 설정한다. 주로 1등급 병원을 선택할 것이므로 예시에서도 1등급을 클릭하고, 지역은 '서울'만 선택하고 '검색'을 누르면 화면 아래에 검색결과가 생성된다.

☞ 본 예시에서는 서울을 선택하고 '구' 이하 조건을 별도로 지정 하지 않았으므로, 서울지역에 소재하는 대장암 치료 1등급 병원 123개가 검색되었다.

〈참고〉주요 질병에 대한, 1등급 병원평가결과 조회 방법(예시)

- 홈페이지 주소: 건강보험심사평가원(www.hira.or.kr)

①

②

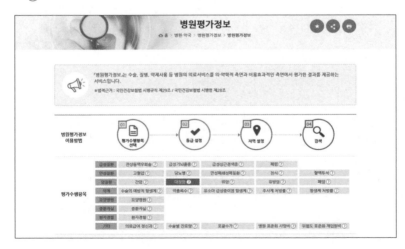

③

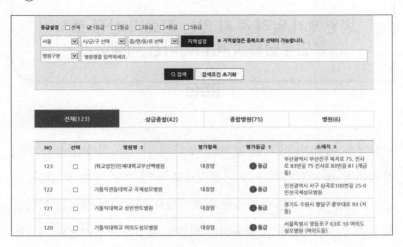

마지막으로, 검색 결과를 활용할 때 1등급이라 해서 모든 서비스와 진료의 질이 높음을 담보하는 것은 아니라는 것을 감안했으면 한다. 즉, 외부의 평가등급이 낮더라도 친절한 지원인력 또는 특정 의사의 높은 의료지식 등에 의해 의료서비스의 질이 좌우될 수도 있기 때문이다. 더불어, 해당 질환에 대한 평가방법과 평가항목에 대한 설명도 있으니 이를 감안해서 살펴보면 될 것이다.

병원에서 알려 주지 않는 진료비 산정 로직: 본인부담률과 비급여비용 이해하기

앞에서 여러 번 얘기한 것처럼, 우리가 만나는 의사 선생님들은, 우리에게 늘 친절하거나 환한 표정으로 대해 주지 않는 것 같다. 이는 아마도, 매일 아픈 환자들을 반복적으로 대하면서 생기는 직업병일 수도 있고, '정밀함'을 요구하는 의료적 행위가 본질적으로 가지는 특성에서도 기인하는 것 같다. 의사가 제공했으면 하는 일반적 질환(병)에 대한 정보를 떠나, 환자 또는 그(녀)의 가족은 진료 및 검진 서비스에 대한 비용을 부담해야 하고, 이 과정에서 또 다른 차원의 고민을 하게 된다. 이 과정에서 부딪히는 다양하며 중요한 이슈, 의사나 병원 관계자가 자세히 가르쳐 주지 않고, 어찌보면 알려 주기 어려울 수밖에 없는 중요한 의료비 산정로직에 대해 알아보자.

'급여'와 '비급여'의 개념, 그리고 '본인부담금'

병원에서 진료 후 받아 드는 영수증은, 그 병원이 크거나 진료의 규모가 크거나 진료기간이 오래일수록 복잡하기 마련인데, '진료비계산서/영수증'이라는 종이 양식을 받아들고 그 내용과 체계를 정확히 이해하는 이가 많지 않다는 생각이다. 나 역시도 마찬가지인데, 그 내용을 조금 더 이해하기 위해 여러 법령자료와, 탐구적 블로거들이 제시한 자료를 찾고 추려서, 정리해 보았다.

◆ 급여 vs 비급여: '건강보험'의 적용여부에 따른 구분

'급여', 용어 자체에서 주는 생소함은, 동일한 한자어인 명사(급여=給與=salary)로 인한 혼동으로부터 시작된다. 한자어가 가지는 의미 그대로 해석하면 '(금품을) 준다'는 뜻으로서, 진료비 계산서 상의 '급여'는, 순전히 가입된 건강보험에 의거 '보험금을 지급할 것인지'의 관점에서 만들어진 용어라는 인식에서 시작하는 게 좋겠다.

그리고, 이 용어의 개념을 조금 더 이해하려면 국민건강보험공단과 국민을 보험의 설계자와 가입자라는 측면에서 놓고 살펴봐야 하는데, 가입자가 질환의 치료 등에 지출한 비용에 대하여 건강보험이 적용되는지 여부를 기준으로, 건강보험이 적용되어 공단이 일부를 부담해 주는 항목을 **'급여'**라고 하고, 건강보험이 적용되지 않아 공단

이 비용을 부담하지 않는 항목을 '비급여'라고 구분하는 것이다.

〈급여(≒요양급여)와 비급여의 개념 근거〉

국민건강보험법 관련 조항 요약
▶ 국민건강보험법 제41조 (요양급여) ① 가입자와 피부양자의 질병, 부상, 출산 등에 대하여 다음 각 호의 요양급여를 실시한다. 1. 진찰 · 검사 2. 약제 · 치료재료 지급, 3. 처치 · 수술, 4. 예방 · 재활, 5. 입원, 6. 간호, 7. 이송 ③ 요양급여의 방법 · 절차 · 범위 · 상한 등의 기준은 보건복지부령으로 정한다. ④ 보건복지부장관은 업무나 일상생활에 지장이 없는 질환에 대한 치료 등 보건복지부령으로 정하는 사항은 요양급여대상에서 제외되는 사항(비급여대상)으로 정할 수 있다.

◆ '본인부담금'이란: 진료비 중 환자가 부담하는 비중

'본인부담금'이란, 건강보험 적용 시 요양급여비용 총액 중 환자가 부담하는 금액으로써, 나머지는 공단부담금이라 하여, 건강보험공단에서 해당 병원으로 직접 지급된다. 앞에서 살펴본 '급여' 항목은 '일부 본인부담'과 '전액 본인부담'으로 구분되는데, 이중 '일부 본인부담'이란, 진료비의 일부만을 환자가 부담하는 항목이고, 환자가 진료비 전액을 부담하는 '전액 본인부담'과는 구분된다. 통상, 전액 본인부담은 요양급여의뢰서(진료의뢰서)없이 상급 종합병원에서 진료를 받았거나, 응급상황이 아님에도 응급실을 이용한 경우 등에 적용된다.

일부 본인 부담의 경우에도 환자의 본인부담률이 다양하게 세분화되는데, 입원진료를 받은 환자는 건강보험이 적용되는 항목 진료비의 '20%'를 부담하는 데에 비해, 외래진료를 받은 환자의 경우 병원의 규모에 따라 최저 '30%'에서 최대 '60%'까지 환자 본인이 부담하게 된다. 또한, 국민건강보험법(제 44조 비용의 일부부담)에서는 가입자의 소득 수준 등에 따라 본인부담상한액을 정해 둠으로써, 소득에 따른 의료비부담의 사회적 분배장치를 마련해 두었다. 본인부담상한액은 의료보험가입자의 소득수준 등에 따라 그 금액을 달리하고, 상한액기준보험료의 구체적인 산정 기준·방법 등에 관하여 필요한 사항은 보건복지부장관이 정하여 고시하도록 하고 있다.

〈본인부담금 근거 법규〉

국민건강보험법 제44조(비용의 일부부담) 요약
① 요양급여를 받는 자는 대통령령으로 정하는 바에 따라 비용의 일부("본인일부부담금")를 본인이 부담한다.
② 제1항에 따라 본인이 연간 부담하는 본인일부부담금의 총액이 대통령령으로 정하는 금액("본인부담상한액")을 초과한 경우에는 공단이 그 초과 금액을 부담하여야 한다.
③ 제2항에 따른 본인부담상한액은 가입자의 소득수준 등에 따라 정한다.

〈참고〉 본인 일부부담금의 부담률/부담액(국민건강보험법 시행령 별표2_요약)

◇ 입원진료의 경우 부담액:
  요양급여비용 총액의 20%에, 입원기간 중 식대의 50%를 더한 금액
  * 다만, 상급종합병원/종합병원의 입원실에 따른 차등 기준 별도 존재함

◇ 외래진료의 경우 부담액 (*일반환자 기준):

기관 종류	소재지	본인 일부부담금
상급 종합병원	모든 지역	**진찰료 총액**+(요양급여비용 총액-진찰료 총액) ×<u>60%</u> (임신부 외래진료는 요양급여비용 총액의 40%)
종합병원	동	요양급여비용 총액×<u>50%</u> (임신부 외래진료 30%)
	읍/면	요양급여비용 총액×<u>45%</u> (임신부 외래진료 30%)
병원, 치과/한방 /요양병원	동	요양급여비용 총액×<u>40%</u> (임신부 외래진료 20%)
	읍/면	요양급여비용 총액×<u>35%</u> (임신부 외래진료 20%)
의원, 치과의원, 한의원, 보건의료원	모든 지역	요양급여비용 총액×<u>30%</u> (임신부 외래진료 10%) * 65세 이상인 경우 - 요양급여비용 총액이 2만 원 초과~2만5천 원 이하, 20%부담 - 요양급여비용 총액이 1만5천 원~2만 원 이하, <u>10%</u> 부담 - 요양급여비용 총액이 1만5천 원 이하, 1,500원 부담
보건소, 보건지소, 보건진료소	모든 지역	요양급여비용 총액×<u>30%</u> * 요양급여비용 총액이 1만2천 원을 넘지 않으면, 보건복지부령에 서 정하는 금액까지
약국		요양급여비용 총액의 <u>30%</u> * 65세 이상 비용총액이 1만 원 초과~1만2천 원 이하 시: 20% * 65세 이상 비용총액이 1만 원 이하 시, 1천 원 부담

진료비 계산서 읽는 요령: 본인부담률의 이해로부터

음식점에서 여럿이 식사를 하고 계산을 할 때 실제 마음으로 예상한 비용보다 청구금액이 많을 경우 계산원에게 확인을 하게 되고, 그 결과 주문량이 잘못 기재된 경우를 종종 경험했을 것이다. 즉, 고시된 음식이나 주류의 가격을 식당 내 게시물이나 메뉴판을 통해 정확히 확인할 수 있기에, 단순한 연산을 통해 예상된 가액과 청구가액의 차이를 쉽게 구분해 낼 수 있는 것이다.

반면, 훨씬 더 큰 금액이 소요되는 의료비에 대해서는 어떠한가? 그러기 쉽지 않은 이유는, 의료비의 산정로직이 일반인이 이해하기에 어려운 변수를 다수 포함하고 있기 때문일 것이다. 이에, 2018년 1월 보건복지부는 진료비 계산서와 영수증의 세부산정내역의 표준서식을 제정하여 공표한 바 있다. 현재, 건강보험 진료(요양급여)를 받은 경우 진료비 계산서·영수증을 발급하도록 하고 있으나, 진찰료, 검사료, 처치료 외에 세부적인 진료비용 내역 확인이 어려웠다는 불편을 해소하는 차원에서의 개선으로 보인다.

〈참고〉 진료비 계산서 영수증 표준 서식

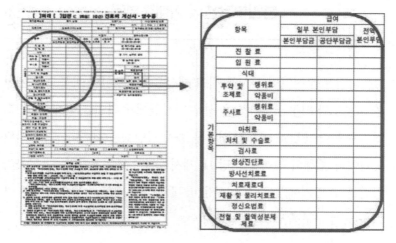

[양식 출처] 보건복지부 보도자료(2018.1) 「진료비 계산서 · 영수증 세부산정내역 표준서식 제정」

◆ 그래도 어렵다면: '본인부담금' 산정로직+'비급여 항목' 이해해야

그럼에도, 받아든 진료비 계산서에 드러난 명확한 지불액수가 산정된 세부 로직을 이해하기 어려운 것은, 본인부담금의 산정에 있어그 부담률이 병원의 규모나 지역에 따라 달라지고, 일부 항목의 비급여 분류에 따른 원인 변수를 모두 이해하는 것이 너무 어렵기 때문이다. 따라서, 앞에서 살펴본 의료기관별 차등되는 본인부담률의 로직과 함께 뒤에서 설명할 비급여항목의 분류기준을 조금 이해한다면, 진료비계산서를 받아둘 때 느꼈던 이전의 막연함이 상당히 해소될거라 생각한다.

최근 본인의 목 디스크 진료비와 약제비를 기준으로, 청구되는 세부 로직을 살펴보자(일반병원급 정형외과 평일 3시 이용, 약국조제 평일 4시 이용).

비고	병원 진료비
실제 영수증 사진	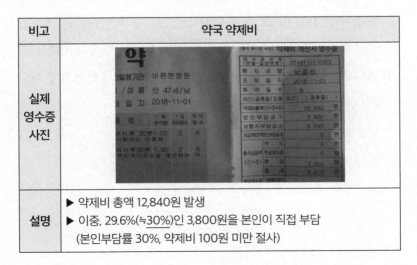
설명	▶ 진료비총액(69,023) 중 약 <u>40%</u>인 27,900원을 본인 부담 ▶ 진찰료(15,350), 영상진단료(41,268), 물리치료료(11,904)는 항목별로 각각 <u>40%</u>를 직접 부담 * 물리치료 중 일부 비급여항목(501원) 발생

비고	약국 약제비
실제 영수증 사진	
설명	▶ 약제비 총액 12,840원 발생 ▶ 이중, 29.6%(≒30%)인 3,800원을 본인이 직접 부담 (본인부담률 30%, 약제비 100원 미만 절사)

한편, 청구된 진료비가 이상하거나 납득되지 않는다면, 해당 병원에 직접 물어보지 않고도 건강보험공단에 비급여 진료비에 대한 확인요청을 통해 민원을 해결할 수 있다고 한다. 그러나, 경험칙으로는 평범한 일반인들의 눈높이에서 알아듣기 쉽게 설명되기 어렵고, 조금 생소한 용어의 법률 및 규칙조항과 섞어서 설명되기 때문에, 궁금한 모든 것을 해소해 주기에는 아직도 한계가 있는 것 같다.

◆ 진찰료의 비밀: 초진 진찰료, 재진 진찰료, 토요 진찰료

본서를 준비하며 많은 의료정보를 새로이 알게 되었지만, 여전히 어려운 영역이 존재한다. 그중의 하나는 의료비의 청구체계와 관련된 것인데, 예를 들어, 병원의 이용 시 부담하는 초기 진찰료(초진료), 재진 진찰료(재진료)의 청구기준 및 휴일 이용 시 달라지는 진료비용의 산정기준 등이다. 누구나 한번은 궁금해 보았을 이슈이지만, 인터넷 등 공개된 자료만으로는 정확한 산정로직을 확인하기는 어려웠다. 이러한 어려움에는 속사정이 있겠지만, 상세한 로직의 이해는 포기하더라도, 상식선에서 알아 둘 필요가 있는 의료비 산정의 숨겨진 로직을 간단히 정리해 보았다.

〈참고〉 '진찰료' 산정 관련 잘 알려져 있지 않은 로직

◇ (2018년, 동네의원 기준) 초진진찰료는 15,310원, 재진진찰료는 10,950원이다. 즉, 같은 병원에서 같은 치료를 받더라도 초진 시 더 많은 비용을 부담하는 것이다.

※ 본 진찰료에 본인부담률(동네 의원급의 경우 30%)을 적용한 비용을 환자가 납부하는 것이다. 따라서, 초진진찰료와 재진진찰료간 실제로 환자가 부담하는 금액은 1,300원 정도의 차이가 발생한다.

◇ 여기에서 '초진'이란, 첫 진료시점뿐 아니라, 지난 방문일로부터 30일 경과(만성질환[10]은 90일) 후 다시 병원을 찾아 받는 진료도 포함한다.

◇ 통상의 '재진'이란, 첫 진료 후 30일(만성질환은 90일)내에 방문하여 동일한 질병으로 지속적인 진료를 받는 것을 의미한다.

◇ 초진과 재진의 경계는 질병의 종류, 만성질환 여부, 의사의 재량적 판단 기준 등에 따라 조금씩 달라진다.

◇ 65세 이상과 1세 미만의 어린이는 조금 경감된 초진료, 재진료를 부담한다.

◇ 토요일 또는 평일 저녁에 병원을 찾는 경우, 평일 낮보다 조금 비싸진 진료비용(진찰료)을 부담한다.

---

10 고혈압, 당뇨, 치주질환 등.

비급여 부담액은 천차만별:
병원 선택 시 꼭 고려해야

　앞에서 살펴본 것과 같이, 국민건강보험법에서는 요양급여 대상을 정하면서, 일상 생활에 지장이 없는 질환의 치료에 소요되는 비용 등을 그 요양급여 대상에서 제외함으로써, 이른바 비급여 항목을 주무부처 장관으로 하여금 정하도록 하고 있다. 그러나 앞에서도 언급한 것처럼 비급여 항목 중에는 업무나 일상생활에 지장을 주는 질환의 치료 항목이 포함되어 있다. 예를 들어, 신경정신적 치료에 들어가는 특수 비용, 치과에서의 보철도 사실은, 적절한 치료가 없이는 일상생활에 상당한 지장을 받을 수밖에 없기 때문이다. 그럼에도, 건강보험료를 관리하는 주무기관에서 정하는 비급여 항목은, 엄연히 존재한다.

　◆ 다시 한번, '비급여'란?
　앞에서 설명한 대로 '비급여'는 건강보험대상에 해당되지 않아, 병원에서 고지하는 진료비용의 전액을 환자가 모두 부담해야 하는 항목이다. 이러한 비급여에는 흔히 일상생활에 지장이 없는 진료비, 미용 목적의 성형수술비, 상급 병실료 등이 이에 해당된다. 이러한 비급여 항목의 유형도 다양한데, 그동안 우리가 잘 몰랐던 영역이지만 다음과 같이 분류할 수 있다고 한다.

<참고> 비급여의 유형 및 치료 예시

구분	비급여 분류 근거	치료 예시
선택 비급여	업무 또는 일상생활에 지장이 없는 치료 및 약제비	• 주근깨, 점, 노화탈모 등 • 발기부전, 단순 코골음
	신체의 필수 기능개선 목적이 아닌 치료 및 약제비	• 미용 목적 성형수술 • 악안면교정술, 시력교정술
간접진료 비급여	질병·부상의 진료를 직접 목적으로 하지 않는 치료 및 약제비	• 본인 희망 건강검진, 예방 접종 • 치아교정 및 보철 위한 치석제거 • 증명서 발급 목적 진료
제도상 (정책상) 비급여	보험급여 시책상 요양급여로 인정하기 어려운 경우 및 건강보험급여 원리에 부합하지 않는 경우	• 상급병실 차액료 • 보청기·안경 등 보장구 • 보철 및 임플란트 목적 부가수술 (65세 이상 틀니 및 임플란트 제외) • 선택 진료비 • 제한적 의료기술
사정상 비급여	건강보험제도 여건상 요양급여로 인정하기 어려운 경우	• (보건복지부장관이 고시하는) 한방 물리요법 • 한약첩약 및 기상한의서 처방을 근거로 한 한방생약제제 등
기타	건강보험 급여항목이지만 요양급여기준(개수, 용량 등)을 초과한 항목	일부 검사료(MRI진단료 등) 등

[자료 참조] 「국민건강보험 요양급여기준에 관한 규칙」 별표2, 비급여 분류별 용어는 저자가 선택

비급여 진료비용은 이미 살펴본 바와 같이 건강보험 급여대상에서 제외된 진료항목에 대한 청구로서, 병원 자체적으로 자체의 로직으

로 금액을 정하기 때문에, 일반인의 입장에서 일일이 묻기도 어렵고 다른 병원과의 비교도 어려웠었던 영역이다. 또한, 환자나 그 가족에 있어서는 '선택'이라기보다는, 다소 불가역적으로 받아야 하는 치료나 입원과정에 있어 발생하는 임의성으로 인해, 병원비 지출에서 기인하는 진정한 고통은 바로 비급여 항목에서 시작된다는 것이 나의 생각이다.

이러한 와중에, 국민의 알권리 보장 차원에서 주무부처에서 나서서 비급여 항목의 명칭과 코드를 매칭하고, 병원이 사용하는 명칭과 함께 공개함으로써 청구된 비급여 항목에 대한 일반인의 이해를 돕고, 이를 통해 병원 선택의 기회를 보장하겠다는 취지의 자료를 배포[11]한 바 있다. 현재까지 공표된 비급여 진료항목은 대략 207개(제증명 수수료 항목 31개 포함)로 확인되고, 공개된 자료에는 병원급 이상 모든 의료기관의 항목별 최저금액과 최고금액, 병원규모에 따른 중간 금액과 최빈금액(빈도가 제일 높은 구간의 금액)과 같은 유용한 정보가 다수 포함되어 있다.

....
11   보건복지부는 2018.4월 「병원별 비급여 진료비용」을 건강보험심사평가원 홈페이지 등에 상세하게 공개한 바 있다.

〈참고〉 비급여 진료비용 조회 가능 범주 (출처: 보건복지부 보도자료, 2018.4)

▶ 조회가능 사이트: 건강보험심사평가원 홈페이지(www.hira.or.kr)
▶ 조회가능 정보
① 비급여 개념과 정의: 비급여에 대한 일반적 개념과 정의 소개
② 기관별 현황정보: 항목별, 의료기관별 비급여 진료비용 정보
③ 병원규모별 정보: 특정 항목의 병원규모별 최저/최고/최빈/중간금액
④ 지역별 정보: 원하는 지역내 의료기관 비급여 진료비용 정보

◆ 비급여: 병원별 작지 않은 비용 차이

비급여 항목을 대표하는 항목 중, 도수치료[12]를 기준으로 비교해
본 결과, 아래의 표와 같이 병원별로 금액 차이가 적지 않은 것으로
나타났다. 가장 많이 분포한 금액 대는 2만 원~5만 원 구간이지만, 병
원별로 최저 5천 원에서, 최고 50만 원까지 매우 큰 차이를 보이는 것
으로 나타났다. 물론 이러한 차이는 장비의 질, 치료기간 및 처치부위
의 차이 등 다양한 변수에 의해 발생했을 것으로 보인다.

〈표〉 도수치료 진료비용 현황

명칭	병원구분	최빈금액	최저금액	최고금액
도수 치료	상급종합	2만 원	9천 5백원	19만 6천 원
	종합병원	5만 원	5천 원	32만 원
	병원	5만 원	5천 원	50만 원

[표 출처] 건강보험심사평가원, 2018. 4. 「병원별 비급여 진료비용」(보건복지부)

....
12   도수치료(manual therapy): 전문 치료요원이 맨손을 이용하여 처치와 교정 등을
수행하는 치료방식.

다만, 일반적 통계에도 불구하고 우리가 이용하고자 하는 병원의 도수치료에 들어가는 진료비용은 건강보험심사평가원 홈페이지에서 직접 조회하여 확인하는 것이 좋겠다. 즉, 비급여비중이 큰 척추질환 등의 경우 선택한 병원에서 통상적으로 청구되는 금액을 꼭 확인하고 이용하자!

또 하나의 대표적 비급여항목인 MRI 진단료와 관련하여, 무릎관절 진단을 기준으로 살펴보았을 때, 최빈금액의 경우 상급병원으로 갈수록 가격이 상승하였으며, 최저금액을 기준으로 보면 최저 20만 원에서 최대 43만 원까지 크게 벌어지는 것으로 나타났다. 다만, MRI 진단료의 경우, 의학적 필요에도 불구하고 건강보험 재정부담을 이유로 일부에만 적용되던 건강보험의 혜택이 점차 확대되는 흐름으로 보인다. 환자의 입장에서는 매우 반가운 소식이 아닐 수 없다.

〈표〉 MRI 진단료 무릎관절 현황

명칭	병원구분	최빈금액	최저금액	최고금액
MRI 진단료 무릎 관절	상급종합	54만 원	43만 원	80만 6천 원
	종합병원	45만 원	26만 9천 원	76만
	병원	40만 원	20만 원	86만 원

[표 출처] 건강보험심사평가원, 2018. 4. 「병원별 비급여 진료비용」 (보건복지부)

◆ 우리 동네, 비급여 항목 비교 방법 안내

자 그렇다면, 우리 동네 여러 병원 중 'MRI 비용'의 비교를 통해 비급여항목에서 기관별로 얼마나 차이가 발생하고 있는지 한번 살펴보자. 물론, 검진 결과에 이어지는 치료/처치의 수준이나 병원의 시설, 의료진의 질적 차이 등, 단순한 비용 이외의 선택요인이 다수 개입할 수 있음을 종합적으로 감안하여 활용하는 게 좋겠다.

① 건강보험심사평가원 초기화면에서 '비급여 진료비 안내'를 클릭한다.
② '기관별 현황정보'를 클릭한다.
③ 비급여 항목 중 조회를 원하는 항목[예: 척추>경추(목부위)] 선택하고, 원하는 지역을 설정(예: 서울시>광진구)한 후, '검색'을 클릭한다.
④ 검색된 결과가 상세하게 표시된다. 즉, 내가 사는 동네의 주요병원별 MRI검진료가 자세하게 나타나게 된다.

〈참고〉비급여 항목에 대한 의료기관별 금액 조회 방법 예시

①

②

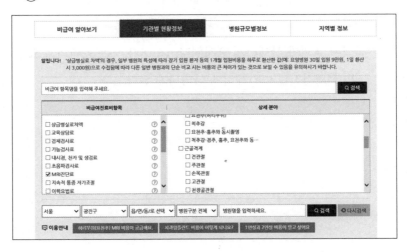

③

총 6건이 검색되었습니다.

10개씩 보기 ▾ 확인

병원명 ⇕	병원구분	항목			가격정보(단위: 원)			소재지	반영일	병원바로가기
		분류	명칭	상세	구분	최저비용 ⇕	최고비용 ⇕			
건국대학교병원	상급종합	MRI진단료	척추	경추(목부위)	상세보기	690,000	690,000	서울 광진구	2018-04-02	↵
혜민병원	종합병원	MRI진단료	척추	경추(목부위)	상세보기	460,000	460,000	서울 광진구	2018-04-23	↵
국립정신건강센터	병원	MRI진단료	척추	경추(목부위)	상세보기	245,290	245,290	서울 광진구	2018-04-02	↵
바른본병원	병원	MRI진단료	척추	경추(목부위)	상세보기	400,000	400,000	서울 광진구	2018-04-02	↵
서울프라임병원	병원	MRI진단료	척추	경추(목부위)	상세보기	350,000	350,000	서울 광진구	2018-04-02	↵
연세무하나은병원	병원	MRI진단료	척추	경추(목부위)	상세보기	450,000	450,000	서울 광진구	2018-04-02	↵

1

Chapter II

약사가 알려 주지 못하는 약학상식

부제: 현명한 약 복용법

II-1
약의 상호작용

　2016년 가을, 식품의약품안전처(www.mfds.go.kr)에서는 「약과 음식 상호작용을 피하는 복약안내서」를 발간하였다. 사실, 약과 음식의 궁합과 관련된 정보는 방송이나 신문을 통해 종종 접할 수 있었는데, 정부기관에서 이러한 류의 정보를 세밀하게 제공한 것은 매우 반가운 일이다. 그럼에도, 다소 방대한 양의 자료가 파일의 형태로 게시되다 보니, 일반인이 쉽게 접근하여 이용하기 어려운 측면도 있고, 그러한 자료가 존재한다는 사실 자체를 모르는 분들도 많은 것 같다.

　이에 본 복약안내서의 주요 내용을 여러 차례 살펴보고, 유사한 주제로 쉽게 설명해 둔 책들을 활용하여 조금 정리된 내용을 전달해 보고자 한다. 더불어 글로벌 사이트와 인터넷 지식정보 등을 통해 파악한 상급 정보를 두루 더해 보았다.

약물의 불편한 상호작용: 약이 독이 될 수도

약물의 부작용에는, 약제간 상호작용에 의한 부작용도 문제지만, 약물의 복용 전후에 먹는 일반 음료와 음식의 섭취로 인한 부작용도 있다. 부작용의 방향과 관련한 유형에도, 약효를 과도하게 강화하거나 예기치 않은 방향으로의 작용을 이끄는 부작용도 있지만, 약제에 부정적으로 작용하여 복용 중인 약제의 효과를 떨어뜨리는 부작용도 존재한다. 이 책에서는 약제간 상호작용처럼 전문지식을 요하는 영역은 배제하고, 약과 함께 먹어서는 안 되는 일반 음식 및 음료를 중심으로 살펴보고자 한다.

◆ 약과 같이 먹어서는 안 되는 음식

섞어서 복용할 경우 문제가 되는 사례가 의외로 많다. 너무 많다 보니 일일이 기억하기 어렵다. 그리고 복잡한 약제명이 일반인들의 눈에 쉽게 들어오는 것도 아니어서, 이해가 쉽지도 않다. 따라서, 아래 모아 둔 정보를 틈틈이 읽어 보고 마음속에 습관처럼 정리해 두는 것이 좋을 것 같다. 나도 하나씩 외워서 기억하려 노력 중이다.

- 섞어서 복용 금지 1: 항히스타민제(알러지치료제)+과일주스, 알코올

→ **약효 떨어짐 & 음주 시 졸음을 가중**: 펙소페다딘 등 일부 항히스타민제 복용시 오렌지/사과주스 등 과일주스를 마시게 되면 위산도에 영향을 주어 약제의 효과적 흡수를 방해하는 것으로 알려진다. 또한, 이 약의 복용 중에 술을 마시는 행위는 항히스타민제의 졸음유발효과를 가중시킬 수 있다고 한다.

· 섞어서 복용 금지 2: 종합 감기약+카페인 음료(커피, 녹차 등)
→ **불면증, 두근거림, 현기증**: 종합 감기약과 커피, 녹차 등 카페인이 함유된 음료를 함께 섭취하면 카페인 성분들이 결합해 불면증, 현기증, 두근거림 등을 유발할 수 있다고 한다. 이는, 카페인을 이미 머금은 약제에 같은 성분이 더해지는 것이므로 카페인 과잉의 문제가 발생하게 되는 것이다. 감기약을 복용하고 있다면, 따뜻한 아메리카노의 유혹을 참아내야 한다.

〈참고〉 종합 감기약의 비밀 성분: '카페인'

> 약국에서 쉽게 구입할 수 있는 종합감기약의 약품설명서에 기재된 성분을 살펴보면 '카페인무수물(=무수카페인)'이라는 것이 있는데, 이는 감기 중에도 일정한 컨디션 유지에 도움을 주기 위해 들어간다고 한다.

· 섞어서 복용 금지 3: 진통소염제+카페인 음료, 알코올
→ **두근거림, 다리 힘 빠짐**: 염증 완화 및 진통(두통, 치통 등)에 사용하는 아스피린을 포함한 비스테로이드성소염진통제(NSAIDs)에

도 카페인 성분이 흔히 함유되어 있어 카페인이 들어간 음료와 함께 복용 시 두근거림, 현기증 등 증상을 유발할 수 있다. 더불어, 술을 자주 마시는 사람이 비스테로이드성소염진통제를 자주 복용 시에는 간 손상 위험을 키울 수 있다고도 한다. 뒤에서 더 설명되지만 비스테로이드성소염진통제는 매우 탁월한 약제임에도, 위장관계 부작용 등의 위험을 감안하여 복용해야 한다.

〈참고〉 '카페인' 함유 음식

카페인 성분을 함유한 것으로 이미 알려졌거나, 의외로 덜 알려진 식음료는 다음과 같다.
▶ 이미 알려진 식음료: 커피, 녹차, 홍차, 에너지음료, 초콜릿, 콜라 등
▶ 덜 알려진 식음료: 두유, 초코우유, 아이스크림, 풍선껌, 사탕, 시리얼 등

• 섞어서 복용 금지 4: 아스피린+비타민 C

→ **토혈(피를 토할) 위험:** 아스피린과 비타민 C를 함께 섭취하면 피를 토할 위험이 있다고 한다. 피를 토한다는 말, 너무 무섭지 않은가? 아스피린은 피의 응고를 억제하기 때문에 비타민 C와 함께 복용 시 위장 등의 소화관에서 출혈이 멈추지 않거나 토혈을 일으킬 수도 있는 것이다.

· 섞어서 복용 금지 5: 제산제[13]+오렌지 주스, (많은) 우유

→ **구토, 식욕부진**: 소화 불량, 위궤양 등의 치료에 사용되는 제산제 중 알루미늄류 제산제와 오렌지 주스를 함께 복용시 알루미늄 성분이 체내에 흡수되어 약효가 반감된다고 한다. 또한, 수산화알루미늄 성분의 제산제와 함께 우유를 과다 섭취 시, 우유 속 칼슘 성분이 반응해 고칼슘증세로 인한 구토나 식욕부진 등을 유발할 수 있다고 한다.

☞ 제산제의 예: 알루미늄류(인산알루미늄, 수산화알루미늄 등), 칼슘류, 마그네슘류(산화마그네슘, 수산화마그네슘 등) 등

• 섞어서 복용 금지 6: 고혈압약+바나나, 귤, 오렌지 등

→ **칼륨 과잉의 문제(심박수 증가, 구토 등)**: 고혈압약은 혈압을 낮추는 원리에 따라 다양한 종류의 약제가 존재하고, 그 약제별로 부작용의 양상도 조금씩 달라진다. 특히, 어르신들이 많이 복용하고 계신 고혈압약의 경우 일반 음식과의 상호작용에 대한 주의가 필요한데, ARB제제 중 발사르탄, 텔미사르탄 등이 함유된 고혈압약을 복용 시 약이 칼륨의 배출을 억제하여 체내에 칼륨량이 증가하게 되는데, 바나나, 저염소금[14] 등 칼륨 다량 함유 음식을 섭취 시 칼륨 과잉의 문제가 발생할 수 있다고 한다. 또한, '암로디핀'과 같은 CCB제제와 함께

....
13 　제산제(antacid): 말 그대로, 위산을 억제하는 약제(=위장약)로서, 소화불량이나 속 쓰림, 위궤양 등의 치료에 사용된다.
14 　'저염소금'에는, '나트륨(Na)'을 줄이는 대신 '칼륨(K)'이 더해진다.

자몽주스를 마실 경우 약효의 작용을 지나치게 강화할 수 있다고 알려져 주의가 요구된다.

〈참고〉 '고혈압약'의 종류: 대표성분 및 부작용

종류	혈압을 낮추는 원리		대표 성분	대표 부작용 유형
이뇨제	수분 및 나트륨 배출을 촉진하여 혈압을 낮추는 방식	치아지드계	• 히드로클로르-치아지드 등	• 빈뇨 • 혈당증가 • 근육약화 • 저칼륨 증상
		고리 이뇨제	• 푸로세미드	
ACE억제제 (안지오텐신 전환효소억제제)	안지오텐신 II(혈관 수축을 야기하는 성분)이라는 물질의 생성을 억제하는 방식		• 캅토프릴 • 모엑시프릴 • 라미프릴	• 마른기침 • 현기증 • 고칼륨 증상
ARB제제 (안지오텐신 수용체 길항제)	안지오텐신 II이 결합하는 수용체를 차단하여 혈관수축을 막는 방식		• 칸데사르탄 • 로사르탄 • 발사르탄 • 텔미사르탄	• 현기증 • 근육 경련 • 불면증 • 고칼륨 증상
CCB제제 (칼슘채널 차단제)	혈관 수축을 촉진하는 칼슘통로를 차단하는 방식		• 암로디핀 • 니페디핀 • 니카르디핀	• 현기증 • 두근거림 • 부종
(알파 또는 베타) 교감 신경차단제	심장박동을 촉진하는 신경전달물질을 차단하는 방식	알파 차단제	• 독사조신 • 펜톨라민	• 불면증, 피로 • 현기증 • 수족냉증
		베타 차단제	• 카르베딜롤 • 메토프로롤	

[자료 참고] https://journals.lww.com/ARB, 다음 블로그, 네이버 블로그 등 다수

한약과 양약의 상호작용: 같이 먹어도 되나?

　보통 부모님 댁을 방문하면, 식탁이나 안방 침대 주위에 놓은 많은 약들을 보게 될 것이다. 아주 건강하신 경우가 아니라면, 70대 이상의 어르신들이 복용하는 약의 종류가 최소한 3~4종류[15]는 될 거라 생각한다. 여기에 명절이나 생일날 자녀들이 선물한 다양한 영양제나 건강식품들. 그리고 한의원에서 처방받아 온 약제까지 더해진다면. 약과 약간의 상호작용도 그렇지만, 양약과 건강보조식품, 양약과 한약 간의 상호작용에 대한 고려가 필요하지 않을까라는 생각을 그분들도 한번씩은 해 보셨을 것이다.

　양약을 복용하는 중 한약을 병용하거나, 한약을 복용하던 중 양약의 병용. 양방과 한방의 다툼이나 여러 복잡한 이해관계를 고려한다면 조심스러운 주제이고, 민감한 내용이 아닐 수 없다. 부정적 결과는 양측 의료기관 간, 의료 종사자 간 다툼을 유발할 수도 있는 사안이다. 허나, 분명한 사실은 우리의 몸에 일단 들어온 약물은 여러 장기를 거쳐 복잡한 대사 작용을 거친 후 배설되므로 양약이건 한약이건 성분이 다른 약을 함께, 많이 병용하는 것은 약의 독성 위험을 키

15　보건복지부의 노인실태조사(2017)에 따르면, 우리의 어르신들이 앓고 있는 만성질환은 평균 2.7개이고, 복용 중인 처방약의 가짓수는 평균 3.9개에 이른다고 한다.

울 수 있다는 것이다. 그렇다면, 흔히 떠도는 소문—양약과 한약을 같이 복용하면 좋지 않다는 설—은 어느 정도의 근거를 가진 것인지 한번 살펴볼 필요가 있을 것이다.

◆ 간 독성 위험?: 시장의 속설과 그 진실

양약과 한약의 혼용이슈는, 특히 한약 복용으로 인한 간 독성의 위험이 대표적인 듯 보인다. 이와 관련하여 한의학 관련 최고 권위의 경희대학교 한의과대학 연구진들이, 한약과 양약의 병용이 간 기능에 미치는 영향에 대한 연구결과(「Influence of combined therapy with conventional and herbal medicines on liver function in 138 inpatients with abnormal liver transaminase levels」, 2016.12)를 국제 학술지를 통해 발표한 바 있다.

간 수치의 이상을 보인 입원환자(ARB제제 등 고혈압 완화제를 복용하는 환자들 위주로 구성)를 대상으로 하는 연구결과, 간 기능 이상 환자들이 한약과 양약을 동시에 복용하였음에도 퇴원 시 검사에서 유의미한 간 기능 개선을 확인함으로써, 두 약의 상호작용에 대한 항간의 속설을 차분하게 짚어 볼 수 있는 결과물을 제시해 준 것이다.

즉, 양약과 한약을 동시에 복용한다고 하여, 간 독성 위험의 상승 등 간에 안 좋은 영향을 준다는 속설은 사실과 다르거나 과장되었다는 것이다. 한편, 이 연구결과에서는 양약과 한약 병용 시 간 수치 악화 현상이 발견된 일부 사례(예: 간 기능 이상자가 황금[16]이라는 한약을 복용한 경우)도 함께 소개하면서, 속설의 극히 일부는 근거가 있는 것이었음을 동시에 알려 주고 있다. 너무나도 값지고, 유익한 연구 결과가 아닐 수 없다.

또 다른 소스에서는, 양약 계열인 항암제나 스테로이드제 복용 시 나타날 수 있는 부작용을 한약으로 줄여 주는 등 조화로운 순기능도 있다고 하니, 양약과 한약은 배척관계라기보다는, 오히려 한쪽에서 완성하지 못한 치유의 비법을 다른 한쪽이 찾도록 도울 수도 있는 상생 관계의 약재일 수도 있다고 생각한다. 하지만, 이를 위해서는 복용 중인 약제의 종류와 약리작용에 대한 이해를 바탕으로, 신뢰할 만한 의사 및 한의사와 충분히 상담하고 약 병행을 진행하는 깐깐한 복용 습관이 꼭 필요해 보인다. 다음에 정리한 양약과 한약의 병용 수칙을 참고해 보자.

〈양약과 한약의 병용 수칙〉

- **한의사 및 의사와 상의하라**: 오래 복용 중인 양약이 있는 경우 건강기능식품 및 영양제를 임의로 복용하지 않는 것이 권장된다. 반대로, 이미 복용 중인 한약이나 영양제가 있는 상황에서 새로운 양약을 처방받을 경우, 같이 먹어도 되는지에 대해 한의사,

....
16   황금[黃芩]: '속썩은풀'이라고 불리는 식물의 뿌리를 건조시켜 만든 한약재.

의사 등 의료전문가와 반드시 상의해야 한다.

- **약에 대한 기본 지식을 늘려라:** 복용 중인 약의 종류와 정확한 약제의 이름을 알지 못하면, 의사 및 한의사와 정확한 상담을 진행하기 어렵다. 자신의 몸 속에서 작용 중인 여러 약제에 대해서는 지금보다 두 배의 관심을 갖고 접근하길 권장한다.

- **약사(약제 전문가)와 친해져라:** '약사'는, 약제의 효능과 상호작용에 있어서는 의사보다 한 수 위의 전문가라 할 수 있다. 따라서, 처방 조제 시 약사에게도 양약과 한약의 혼합 복용에 대한 전문적 견해[17]를 청취하는 것이 좋다. 약사와 가급적 친해지고, 꼬치꼬치 묻는 것을 부끄러워하지 말아야 한다. 이러한 의미에서, 나이가 들수록 단골약국을 정해두고 활용하라는 전문가들의 권고가 힘을 받는 것이다.

- **민간 '약재'는 조심해서 섭취하라:** 우리의 산야에는 매우 다양한 민간 약재가 존재한다. 자체 조달한 민간 약재 또는 건강기능식품 등에 의한 간손상 사례가 적지 않다고 하니, 특히 간 질환이 있는 분들은 잘 알아보고 먹는 것이 좋겠다.

....
17   우리가 처방조제를 위해 약국을 방문할 때마다, 900원 상당의 복약지도료를 지불하고 있는 이유이기도 하다.

- **간 기능, 신장 기능이 약한 분:** 간이나 신장 기능이 약하신 분들은 가급적 한약과 양약의 동시 복용을 삼가는 것이 좋다. 불편한 상호작용으로 인해 간이나 신장의 기능을 악화시킬 수도 있기 때문이다.

- **기억하라(위험이 알려진 약재):** 혼용의 위험이 알려진 약재(예: 황금, 하수오 등)를 복용 중이라면, 당신의 의사와 상담할 때 꼭 알리는 것이 좋겠다. 또한, 숙취 해소나 간 기능 개선에 좋다고 널리 알려진 헛개(나무)차의 경우에도 너무 많이 마시는 경우 간염 질환을 보유한 사람에게는 오히려 간손상 심화 등의 부작용을 부를 수도 있다고 하니, 너무 과하게 먹으면 아니 먹은만 못할 수 있다. 이른 바, 손쉽게 접할 수 있는 유명 약재일수록 '과유불급'임을 기억해야 한다.

우리는 너무나도 자주 약국을 이용하지만, 때로는 최고의 약을 받아 복용하지 못할 수 있다. 이는 처방을 해 준 의사가 어려 사정에 의해 최적의 약제를 선택해 주지 못했거나, 본인에게 약물 알러지가 있거나, 다른 질환을 치료하기 위해 이미 복용 중인 약제(약물 간 상호작용이 우려되는 약)가 있는 경우를 포함할 것이다.

내가 찾아본 여러 글로벌 학술자료, 의학자료를 보면, 최선의 약 선택을 위한 일반적 관심과 약물관리의 중요성에 대해 지나칠 정도로 강조하고 있는데, 아무래도 우리나라는 이러한 점에서는 상당히 뒤처지는 느낌을 지울 수 없다. 특히 미국에서는 처방된 약의 정상적 사용으로 인해 연간 사망하는 숫자가 수만 명을 상회한다는 발표가 있을 정도로, 약의 위험성과 함께 약의 적절한 사용법은 매우 중요한 이슈로 인식되고 있다.

약은, 매우 중요한 발명품이다. 대체로 우리를 건강하게 해 주고, 오래 살 수 있게 해 준다. 그럼에도, 약물의 사용증가에 따르는 이면의 부작용이나 남용의 문제는 점점 더 이슈가 될 것이다. 따라서, 약에 대해 더 많이 아는 사람이, 더 건강한 생활을 유지할 수 있을 거라고 확신한다. 다음에서는 우리가 너무 흔하게 접하는 약제에 대해 알아 두면 유용할 만한, 몇 가지 주요 약/약물에 대해 조사한 자료를 소개하고자 한다.

약의 종류_항생제

첫 번째 살펴볼 약제는, 우리가 아는 것보다 실제로는 더 자주 접하게 되는 '항생제'와 관련된 것이다. 흔히 항생제의 남용에 대한 보도나 신문기사를 흘려 듣고 마는데 이는, 어차피 항생제 처방은 의사가 내리는 것이고 환자는 특별한 사정이 없는 한 그 처방을 수동적으로 받아들일 수밖에 없는 전형적 의료 이용 문화가 존재하기 때문이다. 이는 항생제의 탁월한 약효 뒤에 가려진, 남용의 문제(의사들의 처방적 측면에서의 남용, 그리고 이를 사용하는 환자적 측면에서의 남용을 모두 포괄한다)라는 측면에서 앞으로 더 이슈가 될 수밖에 없을 것이다. 이 장에서는 항생제란 도대체 어떠한 약제이고, 이것에 감춰진 몇 가지 진실에 대해 조금 살펴보고자 한다.

◆ 항생제[Antibiotics]란 무엇인가?

항생제는 우리 몸의 내부에 존재하는 해로운 '박테리아(세균)'를 없애거나 그들의 성장을 억제하는 약물로 정의[18]된다. 따라서 박테리아에 감염되거나 병원균이 사람의 몸 안에 들어온 경우 이를 치유하는 데 사용되는 매우 중요한 약제이다. 한편, 항생제의 계열(줄기=family)을 먼저 살펴보는 것은 매우 중요할 수 있는데, 이는, 동일 줄

....
18 '항생제(antibiodics)'의 사전적 정의: 'a medicine that can destroy harmful 'bacteria' in the body or limit its growth'

기에서 나온 항생제는 동일한 질환을 치유할 수 있다는 것을 의미하기도 하지만, 특정 항생제에 알러지 반응이 있다면, 같은 줄기에서 나온 다른 항생제에 대해서도 알러지 반응이 있을 것이기 때문이다. 따라서, 같은 줄기의 항생제의 범주와, 다른 범주의 항생제에 대해 알아두는 것은 요긴할 수 있다.

◆ 주요 항생제의 계열과 대표 약제
대표 항생제라 할 수 있는 페니실린 계열을 필두로 하여 여러 항생제의 계열과 그 대표 약제는 다음과 같은 것들이 있다.

• 페니실린[Penicillins] 계열: 아목시실린, 암피실린, 디클록사실린 등
가장 대표적인 항생제 계열로서 이 계열 내에서만 다섯 가지 그룹의 항생제가 존재한다. 다양한 감염을 치유하는 데 매우 효과적이고 약제의 부작용도 적은 것으로 알려지지만, 다양한 알러지 반응을 불러오는 단점이 있다고도 한다. 또한, 널리 쓰이다 보니 남용 이슈가 많이 불거져 온 항생제이고, 특정 감염에는 이 계열의 항생제가 아예 듣지 않는 경우도 있다고 한다.

• 마크로라이드[Macrolides] 계열: 에리트로마이신, 아지트로마이신 등
이 계열의 대표인 에리트로마이신도 오랫동안 사용되어 온 항생제의 종류로서, 페니실린 계열이나 테라사이클린 계열의 독시사이클론

등의 대체제로 인정되어, 임신 중인 여성이나 페니실린 계열 등의 알러지가 있는 사람에게도 사용되고, 지역사회성 폐렴이나 약한 피부 감염증 등에 두루 사용된다.

- **테트라사이클린[Tetracyclines] 계열**: 테트라사이클린, 독시사이클린

포도상구균 등 다양한 세균 감염의 치유에 널리 사용되어 '광범위 항생제'로 알려졌으나, 현재는 다양한 세균에서 내성이 증가하여 사용빈도가 감소하고 있다고 한다. 또한, '테트라싸이클린'은 약의 장기 보관 시 성분의 변화로 신장 등에 안 좋은 작용을 할 수 있다고 하고, 우유와 함께 복용 시 약효가 떨어지는 것으로 알려진다.

- **설파스[Sulfas, Sulfonamides] 계열**: 설파메토자졸, 설피소자졸, 설파살라진

이 항생제 역시 다양한 종류의 세균 감염에 효과적이고 저렴하여 널리 사용되어 왔으나, 특정 감염에 대한 내성이 많이 늘어난 것으로도 알려진다. 더불어, 다른 항생제 대비 알러지 관련 부작용이 많이 보고되고 있다고도 한다.

- **아미노글리코싸이드[Aminoglycosides] 계열**: 겐타마이신, 아미카신

강력한 효능을 발휘하는 반면 심각한 부작용을 유발하는 것으

알려진다. 따라서 중증의 감염을 치유하거나, 보다 안전한 항생제가 듣지 않을 때 후순위로 사용되는 항생제라고 한다.

• 기타 신예 항생제(세팔로스포린스 계열, 퀸놀론스 계열 등):
앞에 소개한 항생제 계열보다 출시된 역사는 조금 짧지만, 오히려 더 강한 효능을 발휘하는 항생제로 알려지며, 현재 임상적으로 많이 처방되는 것으로 알려진 '세팔로스포린스' 계열(세프트리악손, 세퓨록싸임, 세프디니르 등)의 항생제와, '퀸놀론스' 계열(씨프로플록싸신, 레보플록싸신, 목씨플록싸신 등) 항생제 등이 대표적이다.

〈참고〉 10대 대표 항생제 계열

▶ 페니실린[Penicillins]	▶ 마크로라이드[Macrolides]
▶ 테트라사이클린[Tetracyclines]	▶ 설포나미드[Sulfonamides]
▶ 아마노글리코시드 [Aminoglycosides]	▶ 세파로스포린[Cephalosporins]
▶ 퀴노론스[Quinolones]	▶ 린코마이신스[Lincomycins]
▶ 글리코펩티드[Glycopeptides]	▶ 카바페넴스[Carbapenems]

[출처] https://www.drugs.com/article/antibiotics.html

과거 '페니실린'의 개발로 의학 분야에서의 획기적 도약의 전기를 마련한 후 지속적인 연구와 개발을 통해 매우 다양한 계열의 항생제가 탄생해 왔다. 전문가인 의사의 입장에서도 각 항생제별 특성 및 항균 범위, 내성의 정도와 양상 및 상호작용에 대해 모두 이해하는 것이 벅찰 정도라고 하니, 우리 일반인의 입장에서 각 항생제의 장단점을 두루 이해하는 것은 무리이다, 그저, 본인이 처방받은 항생제의 대략적 계열이라도 알아 두되, 그 남용의 문제와 사회적 이슈에 대해서만 같이 고민하는 자세만으로도 충분해 보인다.

◆ 항생제의 문제: '남용'과 '내성'

여러 항생제는 너무 흔하게 사용되는 것으로 알려진다. 아무리 효능이 좋아도, 너무 자주 사용되는 것은 부작용을 낳기 마련이다. 항생제를 절제해야 하는 가장 큰 이유는 그 약제가 어떠한 세균(박테리아)을 제거할 때, 통상 유익한 균까지도 무차별적으로 죽이기 때문이라고 한다. 이러한 결과로, 장내 존재하는 좋은 균과 유해균 간 균형이 깨지면서, 장이 제 기능을 발휘하지 못하는 문제가 생기는 것이다. 이로 인해, ① 면역력 저하, ② 소화기능 약화, ③ 세로토닌(장에서 합성되어 안정을 담당하는 신경전달 물질) 생성의 감소로 신경정신적 장애(불안, 초조감 등) 등을 야기한다고 한다.

또 하나의 해악은, 그 남용이 내성의 문제를 낳는 것이다. 즉, 치유 대상 세균이 항생제의 작용을 견디면서(강해지거나 돌연변이로 인해) 항생제의 약효가 사라지게 되어, ④ 어떠한 항생제도(항생제가 꼭 필요한 위급한 상황에서도) 기능을 하지 못하는 상황을 유발할 수 있다는 것이다.

항생제의 남용이슈는 매우 중요한 글로벌 어젠다로 발전하고 있다. 이는 여러 선진국 의료전문가들이 항생제 내성균의 출현이 인류의 건강과 생존에 치명적 영향을 줄 것으로 예상하고 있기 때문이다. 아래 대한민국 정부 브리핑 중 일부 내용을 읽어 보고 그 분위기를 음미해 보자.

〈참고〉 항생제의 위험성 인식: 대한민국 정부 브리핑(2016.8.11.) 中

세계보건기구는 지난 2015년부터 11월 셋째 주를 '세계 항생제 인식 주간'으로 정하고 나라별로 실정에 맞는 항생제 내성 예방 캠페인을 벌이도록 권고하고 있다. 실제, 페니실린을 필두로 한 각종 항생제의 등장으로 감염병은 치료의 영역이 됐으나 항생제에 듣지 않는 내성균의 출현 및 확산은 사망률 증가, 치료기간 연장, 의료비용 상승 등으로 인류의 생존과 지속가능한 발전을 위협하는 실정이다.
올해 발표된 영국 정부의 보고서에 따르면, 항생제 내성에 적절히 대응하지 못할 경우 2050년에는 전 세계적으로 연간 1,000만 명이 내성균에 의해 사망할 것으로 예측된다. 또 유엔 총회에서 항생제 내성 해결을 위한 결의안이 채택될 정도로 글로벌 보건 이슈의 최우선 순위를 차지하고 있다.

문제를 우리나라의 상황으로 좁히면, 아래의 표에서 보듯 2014년 기준 대한민국의 항생제 사용량은 OECD평균보다 높은 수준이고, 유럽국가에 비해서는 월등히 높게 나타나는 것이다. 그나마, 항생제 남용 이슈 등 항생제에 대한 관심과 인식이 늘면서 그 사용량이 줄어드는 것은 다행이다.

<**OECD 국가와 항생제 사용량 비교(2014년)**>

(단위: DDD-국민 1천 명 중 매일 항생제 복용하는 사람 수)

국가	대한민국	OECD평균	독일	영국	스웨덴
사용량	31.7	23.7	15.7	19.5	14.7

[출처] OECD Health Statistics 2016

현실의 문제는, 우리의 의사가 처방해 주는 항생제에 대해 우리가 대체처방을 요구할 수 있는지와 관련된 것이다. 만일, 의사가 항생제 처방 시 동의를 구하지 않거나, 만일 항생제 처방 사실을 알릴 경우, 환자인 우리가 그 처방을 거절하거나, 대체 약품 처방을 요구할 경우, 해당 의사의 반응은 어떠할까. 아마도, 조금 불쾌해할 것이고, 우리가 모르는 대체 약품을 처방하는 식으로 돌려보낼 것이다. 항생제 남용의 이슈는, 우리가 좋은 의사와 좋은 병원을 찾아야 하는 이유와도 연관된다. 항생제 등 훌륭한 약제의 처방에서도, 그만의 철학이나 도덕적 신념을 가지고 대하는 의사가 훌륭한 의사다.

◆ 항생제, 어떻게 대해야 하나?

항생제는 남용의 문제가 있기는 하지만, 생명의 보전을 위해 필요한 절대적으로 필요한 중요 약제이다. 따라서, 항생제에 대한 기본적 지식을 기반으로 조금 현명하게 사용할 수 있으면 좋을 것이다. 다음의 수칙을 참고로 하자[19].

....
19 〈내용 일부 참고〉 대한민국정책브리핑: 감기에 항생제, 오히려 '독' 될 수도(2010.11)

• 항생제 내성에 대한 올바른 인식: 복용량과 복용기간 준수

의료진과의 상담 없이 항생제 복용을 임의로 중단하는 것은 반드시 피해야 할 수칙이다. 또한, 항생제를 무조건 적게 먹어야 한다는 인식도 잘못된 편견이라 알려진다. 즉, 처방된 항생제를 정해진 지침대로 복용하지 않아 효과적 치료가 되지 않을 경우, 오히려 내성균의 출현을 조장할 수 있다고 한다. 항생제 내성을 줄이기 위해서는, 일단 처방이 이루어진 후에는 복용량을 지키고, 복용기간을 준수하는 것이 매우 중요하다. 남은 항생제를 나중에 임의로 복용하는 것도 어리석은 행동이라 할 수 있다.

• 일반감기에는 항생제 사용 재고(다시 생각하기)

바이러스 감염 증상인 감기는, 박테리아에 작용하는 항생제 복용이 필요 없고, 오히려 복용으로 인해 내성을 키울 우려가 있다고 한다. 따라서, 가벼운 감기에는 항생제를 아예 사용하지 말아야 하되, 기관지염 등 2차 세균 감염이 진행되거나 감기가 너무 오래 지속되는 등의 심각한 단계에서만 의사의 처방에 따라 복용하는 것이 좋겠다.

• 항생제의 성분 이해하고, 음료 등과의 상호작용 주의

앞에서 살펴본 바와 같이, 일부 항생제의 경우 '우유' 또는 '알코올'과 반응하여 약효의 효과를 반감시키거나 예기치 않은 부작용을 초래하기도 한다. 따라서, 항생제를 새로이 처방받을 경우 해당 항생제의 계열과 세부 성분까지 정확히 확인하고, 우유나 술 등을 섭취해도 되는지를 살펴보아야 한다. 의사나 약사는 이런 것까지 일일이 일러 줄 여유가 없을 수 있기 때문이다.

· 기타

항생제를 투여하지 않는 식재료(무항생제 식품) 등을 이용하거나, 너무 쉽게 사용되는 항생제 연고의 남용의 문제를 인식하고, 증상 개선 후에는 사용을 중지하고, 작은 상처에는 그 연고의 사용을 줄이는 것도 권장된다.

[자료 참고] https://www.drugs.com/article/antibiotics.html 외 다수

약의 종류_진통제

두 번째는 통증 치유와 관련된 약품이다. 통증(Pain)은 아픔을 느끼는 것이고 이는 우리 몸의 어딘가에 문제가 생겼다는 징후이다. 이러한, 통증은 진통제라는 약제를 통해 완화될 수 있지만, 암과 같은 치명적 질환의 발병으로 유발되는 통증은 일반 진통제에 의해 치유될 수 없는 성격을 지닌다. 이러한 후자의 통증은 그 통증을 유발하는 원인을 최대한 빨리 찾아 그 근원적인 치료를 선행해야 할 것이다. 아래에서는, 일반적인 통증을 치유하는 데 사용되는 대표 약제에 대해 간단히 살펴보고자 한다.

• 아세트아미노펜[acetaminophen], 파라세타몰[Paracetamol]

오랫동안 TV광고를 통해 익숙해진 브랜드인 타이레놀, 게보린, 판피린 등의 주성분인, 아세트아미노펜 또는 파라세타몰은 모두 그 화학명인 파라-아세틸라미노페놀(para-acetylaminophenol)에서 나온 말이다. 이 약제는 진통작용 및 해열에도 효과적일 뿐 아니라, 임산부 등에게도 안전한 것으로 알려진다. 약사협회 등에서 타이레놀의 과다복용의 위험성을 이유로 약국 이외의 판매금지를 주장해 왔지만, NSAIDs류의 다른 진통제와 비교해도 부작용이 가장 적은 편이라는 의견이 더 일반적인 것 같다. 이와 관련하여, 미국에서 대중적으로 매우 유명한 약사인 수지 코헨(Suzy Cohen)에 따르면, 고혈압과 같은 심혈관계 질환 보유자의 경우 NSAIDs가 가지는 부작용을 감안하여 아세트아미노펜 성분의 진통제의 복용을 권장하고 있다. 다만, 아무리 좋은 약제라도 남용의 문제를 내재하고 있으니 적정량을 초과하여 복용하지 말아야 하고, 이 약의 복용 중에 술을 마시는 것은 매우 위험하다고 하니 특히 조심해야 한다.

〈참고〉 처방약 성분의 확인방법

개인적으로 비스테로이드성소염진통제 알러지가 있어, 항상 타이레놀 계열 약제로의 대체처방을 요청한다. 어느 날, 받아 든 처방전에서는 타이레놀 또는 아세트아미노펜 성분 대신, '트라노펜세미정'이 라고 기재되어 있었다. 약사에게 물어보아도 성분에 대해 정확히 설명해 주지 못해 약학사전을 찾아보니, '아세트아미노펜'을 주성분으로 하고, 다른 성분이 조금 혼합이 된 약제로 나온다. 즉, 약제의 경우, 종종 약사의 설명이 부족한 경우가 있는데, 처방상의 약품명이 조금 생소하다면, 인터넷 포탈(약학사전 등)을 통해 정확한 약제의 성분을 직접 조회해 보는 습관이 도움이 된다.

- 아스피린(Aspirin) - NSAIDs 계열

아스피린 또한 널리 사용되는 약제로서, 해열이나 통증 및 근육이나 관절의 염증을 치유하는 데 효과적인 것으로 알려진다. 적정량을 복용하면 안전하지만 위에는 부담을 줄 수 있다고 하니, 위궤양이 있는 사람들은 특히 조심해야 한다. 또한, 아스피린은 혈액의 정상 응고를 방해하는 것으로도 알려지니, 출혈이 있거나 수술을 앞두고는 복용하지 않아야 한다. 이러한 항응고 성향으로 인해 비타민 C를 함께 섭취 시 토혈의 위험이 있다.

- 이부프로펜[Ibuprufen], 나프록센[Naproxen] – NSAIDs 계열

비스테로이드성소염진통제의 대표적 약제로서, 아스피린이나 파레세타몰보다는 상대적으로 비싼 약제라고 한다. 아스피린과 같이 통증(두통, 근육통, 관절통, 생리통 등)을 경감하거나 만성 관절염 치유에 매우 효과적이라고 알려진다. 더불어 효과적인 항염작용을 하는 것으로 알려진 반면, 위(stomach)에 부담을 주는 약리작용은 복용 시 감안해야 한다. 심장, 간, 콩팥에 문제가 있는 분들은 복용 시 더 유의해야 한다.

- 아편 계열[Opioides] 진통제: 코데인[Codeine], 모르핀[Morphine] 등

코데인은 아편 계열의 약으로, 수술이나 부상 후에 사용된다. 강한 약효를 발휘하지만 너무 오래 복용하는 경우 중독의 부작용을 내재한다. 더 심한 통증에 사용되는 모르핀도 아편 계열의 강력 약제이며, 암의 말기 등 고통이 심해진 경우에 사용되는 것으로 알려진다.

- 스테로이드 약제: 프레드니손, 트리암치놀론, 덱사메타손 등

부종을 가라앉히고 염증을 치유하는 데 효과적인 약제로서, 다른 종류의 진통제가 잘 듣지 않는 경우에 든든한 대체제로 사용된다. 다만, 좋은 효능의 이면에 스테로이드가 가진 본질적 부작용을 내포하니 복용 시 주의를 요한다.

[자료 참고]
1. https://www.nhs.uk/live-well/healthy-body/which-painkiller-to-use
2. https://www.healthnavigator.org.nz/medicines/pain-relief-medications
3. https://www.health24.com/Medical/Pain-Management/Different-painkilling-drugs/The-different-groups-of-painkillers-20120721 외 다수

약의 종류_비스테로이드성 항염증제

약품에 대한 관심이 있거나, 나처럼 약물 알러지를 가진 사람은 의료진을 통해 한 번쯤 들어 봤음직한 용어일 것이다. 바로, '비스테로이드성 항염증제(Non-Steroidal Anti-Inflammatory Drugs, NSAIDs)'이다. 말 그대로 스테로이드 약제가 아니면서도 염증을 치료하는 기능의 약제를 통칭하는 용어이다. 바로 앞에서 살펴본 진통제 종류 중, 아스피린이나 이부프로펜, 나프록센이 여기에 해당한다. 이 비스테로이드 항염증제는 항염작용이 뛰어난 약제로서 체내의 염증반응을 줄여 진통, 해열작용을 한다. 스테로이드 제제가 아니기에(부작용이 상대적으로 적어) 널리 사용되긴 하지만, 이 약제 역시 수반되는 여러 가지 부작용이 존재한다.

〈참고〉NSAIDs의 대표적 효능·효과

▶ 류마티스 관절염, 골관절염(퇴행성 관절질환) 등의 염증 완화
▶ 해열 및 진통(치통, 두통, 생리통, 신경통, 관절통, 근육통)

◆ 비스테로이드성 항염증제[NSAIDs]의 종류

NSAIDs는 서로 다른 구조를 가짐에도, 공통적인 약리작용을 통해 우리 몸의 통증을 줄인다. 조금 풀어 보면, 대뇌에 통증을 전달하고

염증을 일으키는 프로스타글란딘[20]을 합성하는 COX(사이클로옥시게나제, Cycloxygenase)라는 효소에 대해 억제작용을 하는 것이고, (프로스타글란딘 합성이 억제되므로) 통증의 원인이 되는 염증을 억제하기 때문에 진통효과가 나타나는 것이다.

NSAIDs는 '구조'에 따라 구분할 수 있는데, 다음과 같은 대표 제제를 포함하여 여러 진통제가 존재한다.

〈참고〉 대표적인 '비스테로이드항염제'의 종류(구조에 따른 분류)

구분	대표 성분명	세부 설명(효능 및 부작용)
살리실산 유도체	아스피린 (아세틸살리실산)	해열, 진통, 항염 작용 * 위장관 부작용(위궤양, 출혈 등) 큼
프로피온 산 (Propion acid) 계열	★이부프로펜	항염+해열/진통 작용 * 아스피린 대비 위장관 부작용 적은 것으로 알려짐
	록소프로펜	
	★덱시부프로펜	
	케토프로펜	
나프틸-프로피온 산 계열	★나프록센	류마티스성 관절염, 항염, 진통 * 진통 효과가 좋다고 알려짐
옥시캄 계열	멜록시캄, 피록시캄	류마티스성 관절염, 강직성 척추염 등의 치료
coxib 계열 (선택적 COX-2 억제제 계열)	세레콕시브	소염/해열/진통 작용 * (COX-1보다) COX-2를 더 선택적으로 억제하므로, 위장관 문제 적음

[자료 참조] https://www.ncbi.nlm.nih.gov/pmc/articles/PMC5065088/ 외

....

20   여러 생리활성물질이 염증의 유발에 관여하나, 이중 '프로스타글란딘'이라는 호르몬이 염증을 유발하는 대표적 물질이라고 알려진다.

◆ 비스테로이드성 항염증제[NSAIDs]의 부작용

비스테로이드성 항염증제는 뛰어난 항염 및 진통작용에도 불구하고, 다양한 형태의 부작용을 주의해야 한다. 국내에서 유통되는 NSAIDs의 종류가 워낙 다양하기 때문에, 나처럼 진통제 알러지를 보유한 경우 약을 처방받을 때마다 약물 알러지가 있음을 알려야 하고, 대체 약을 처방받아야 한다. NSAIDs가 야기하는 대표적인 부작용에는 다음과 같은 것들이 있다고 한다.

· 위장 관계 부작용

NSAIDs가 억제하는 프로스타글란딘은 우리 몸의 어딘가에 염증을 유발하기도 하지만, 동시에 좋은 기능(위 점막 보호 등)도 한다는 것이 문제다. 따라서, 프로스타글란딘의 합성이 억제되면 위장관계 부작용(위염, 위궤양 등) 위험이 증가한다는 것이다. 따라서, 장기간 NSAIDs를 복용하는 것은 위궤양 등 위장관계 질환을 악화시킬 우려가 크다. 타이레놀의 주요 위험도 과다복용에서 시작되듯, NSAIDs도 적정량을 초과한 복용은 꼭 피해야 한다.

· 천식의 악화, 콩팥의 손상 위험

일부 약제는 천식을 악화시키고 신장의 손상을 야기할 수 있다고 알려지는데, 선택적 COX-2 억제제는 혈전증 및 심혈관계 질환의 위험을 키우기도 한단다. 한편, 일반 의약품으로 쉽게 구입할 수 있는 종류의 NSAIDs 중 일부는 심근경색과 뇌졸중의 위험을 증가시킨다고도 하니, 구입한 약제에 동봉된 설명서와 부작용에 대해 충분히 읽어 둘 필요가 있다.

· 알러지 반응

NSAIDs는 약물 알러지를 일으키는 가장 흔한 약제로서, 전체 약물 유해 알러지의 원인 중 상당 비중을 차지하는 것으로 알려져 있다. 알러지의 반응 양상은 복용 후 빠른 시간 내에 나타나게 되며 두드러기, 숨가쁨, 아나필락시스 증상(두드러기, 혈관부종, 호흡곤란 등을 부르는 급격한 전신반응)이 대표적인 부작용의 유형이다.

참고로, 개인적 경험에서 알아본 결과 이러한 경구투약 약제 이외에 몸에 부착하는 파스류의 경우에도 알러지 반응을 일으킬 수 있다는 것이다. 목이 뻐근해서 파스를 붙이고 잠을 잔 후 눈이 약간 부은 증상이 느껴져 아는 약사님들에게 물었더니, 어떤 분은 사실 무근이라는 반응을 보이기도 하고, 또 다른 분은 그럴 수도 있다고 가볍게 동의할 뿐 해당 알러지의 종류와 양태에 대한 확신 어린 조언을 해주지는 못하였다.

이에, 여러 관련 자료를 살펴본 결과, 몸에 부착하는 파스제제를 통해서도 알러지 반응이 나타나는 것이 사실인 듯하다. 이에 대해서는 조금 더 과학적으로 검증된 연구결과를 살펴야 하겠지만, 파스를 붙인 후 눈이 붓는 등 알러지 증세를 느꼈다면, 약사에게 말하고 다른 성분으로 제조된 파스를 사용하시기 바란다.

약의 종류_항알러지 약제

내 나이 마흔셋 즈음, 잇몸 부위가 심하게 부은 2월이었다. 치과에 가기도 좀 그렇고 해서, 회사 건물 지하 1층의 약국에서 처방 없는 진통제를 구입했다. 다음 날은 대전에서 업무강의가 있는 중요한 날이었기 때문에 진통제가 필요했던 것이다. 문제는 약을 복용 후 1시간 만에 나타났는데, 눈이 간질간질하더니 크게 부어오르기[21] 시작하는 것이다.

보기 흉한 정도까지 갔기에 당황한 나는, 인근 내과에서 '진통제 알러지 증세'라는 진단을 받게 된다. 부풀어 오른 눈은 쉽게 가라앉지 않았다. 기억으로는 3일 이상 소요되었던 것 같다. 그 이후로도 두세 번 더 진통제 성분으로 인한 눈 부어오름을 경험하게 되는데, 약사에게 물어보니 이전에 없던 알러지가 생기는 것은 나이가 들면서 면역기능이 약화되었기 때문이란다.

그 이후 병원 진료를 받을 때마다, 반드시 소염진통제 알러지 보유 사실에 대해 일러 주어야 한다. 불편하다. 때로는 정신없는 상태에서 처방전을 받아 나온 이후, 찾아간 약국에서는 대체 약으로의 조제를

....
21   특정물질에 대해 몸이 과민반응을 보이는 알러지 반응으로, 전형적 '아나필락시스' 증상이다.

진행하기 어려워 해당 병원에 처방전을 새로 요구해야 하는 불편이
반복되고 있다.

◆ 알러지의 양상과 치료 약제

이러한 불편함과 알러지의 무서운 증상을 경험한 후 나는, 알러지
가 나타는 양상과 알러지 처치에 사용되는 약제에 대해 조금 알아보
기 시작했다. 우선, 알러지는 특정한 약제나 음식의 섭취뿐 아니라 단
순한 호흡 또는 접촉만으로도 발생할 수 있다고 한다.

알러지 반응의 종류로는 가려움증이나 재치기 등 약한 증세에서부
터, 발진(두드러기) 등 조금 불편한 증세(예를 들면, 나처럼 눈 부위가
심하게 부풀어 오르는 것)까지 두루 나타나기도 하지만, 어떠한 반응
은 훨씬 강력하여 생명에까지 지장을 주는 알러지성 쇼크를 일으키
기도 한다. 가을 산에서 왕벌에 쏘였을 때에도 이러한 알러지성 쇼크
로 인해 사망자가 나오는 것과도 연관지어 보면 될 것 같다. 이러한
알러지 반응은 매우 위험한 결과를 초래할 수 있으니, 가급적 신속한
치료가 이루어져야 한다.

그렇다면, 이렇게 다양한 형태로 나타나는 알러지 반응을 완화하
는 약제에는 어떠한 것이 있는지 먼저 알아보자. 알러지 반응이 얼마
나 강한지 여하에 따라, 항히스타민제, 스테로이드제의 순서로 사용
하는 수순으로 보인다. 기타 미국의 웹사이트에서 설명하는 대표 제

제를 같이 정리해 보았다.

<참고> 대표적인 항 알러지 약품의 종류 및 부작용

대분류	대표 약제명	설명	부작용
항 히스타민제 (Anti-histamines)	[1세대] 프롬페니라민, 클로페니라민, 디펜히드라민	• 알러지 치료 대표 약제 • 알약, 물약, 코스프레이, 점안약 등 다양한 형태 복용	• 졸음, 피로, 집중장애 등 • 상호작용 주의 - 과일쥬스: 펙소페나딘 흡수 방해 - 음주: 중추신경 억제, 졸음 유발
	[2세대] 쎄티리진(Zyrtec), 펙소페다딘, 레보세티리진		
스테로이드 (Steroids)	덱싸메서손, 하이드로코르티존	• 강한 효과&다수 부작용 · 약효 발휘까지 더딤	• 체중 증가, 고혈압, 당뇨 • 성장 저하, 근육 약화 등
비만세포 안정제 (Mast Cell Stabilizers)		• 경중 또는 중증 알러지 치유 약제	• 목 아픔, 피부 발진 • 점안약은 따가운 느낌, 흐릿함 등
루코트리엔 수정제		• 천식과 코의 알러지 치유 약제	• 드물게 발열, 두통, 코막힘, 기침 등

[자료 참조] https://www.webmd.com

◆ 알러지와 히스타민의 개념

흔히, '알레르기'로 더 많이 불리우는 알러지(allergy)의 개념은 소스마다 조금씩 다르지만 일반적으로 특정 외부 물질과 접한 생체가 그 물질에 대하여 정상과 다른 반응을 나타내는 현상. 즉, '**변형된 과민 반응**'으로 정리할 수도 있겠다. 우리 몸의 면역반응은 자기보존을 위한 방어메커니즘의 하나인데, 생체에 대해 정상적 보호작용을 하는 것이 정상이지만, 경우에 따라 생체에 불리하게 작용하여 다양한 장애를 일으키는 경우가 있는데 그것이 알러지인 것이다.

그렇다면, 히스타민(histamine)이란 무엇인가? 히스타민이란, 알러지 징후를 일으키는 작용물질(화학물질)로서 체내 세포의 일부에서 발견된다. 사람이 특정 물질에 대해 알러지가 있다면, 면역 시스템은 몸에 무해한 물질임에도 잘못된 판단으로 몸에 해가 될 것으로 받아들이게 되고, 몸을 보호하기 위한 시도로 면역시스템 세포(비만 세포, mast cells)는 '히스타민'이라는 물질을 방출하여 두드러기, 부종, 가려움 등의 이상증상을 불러온다. 이상증상이 나타나는 부위는 사람의 눈, 코, 피부에서부터 폐, 위장관 등 매우 다양한 형태로 나타난다.
[자료 참조] https://kidshealth.org/en/parents/

◆ 항 히스타민제: 히스타민을 억제하는 약제

이제, '항히스타민제'에 대해 알아보자. 아마도 여러분들이 알러지 증세로 한번이라도 병원을 찾아 보았다면, '항히스타민' 약제에 대해 들어봤을 것이다. 즉, 이것들은 알러지 반응 중 히스타민의 방출에 의해 야기되는 징후(눈 부음, 콧물 등)를 상대로 싸우는 것을 돕는 약제이다. 즉, 히스타민을 억제 및 중화(히스타민 수용체의 활동을 감소

시킴)시키는 용도의 약으로서, 스프레이, 알약, 물약의 형태로 먹거나 주사를 통해 투약된다.

우리 몸에서 히스타민은 4가지 수용체(H1, H2, H3, H4)를 통하여 작용을 하는데, 100여 년 전 처음 개발된 1세대 항히스타민제와 최근 (1980년대) 개발된 2세대 항히스타민제로 통상 분류된다. 1세대 항히스타민제는 약효지속시간이 짧고, 졸음이나 기억력 저하 등의 부작용을 자주 불러왔는데, 2세대 항히스타민제는 약효의 지속시간이 길어지는 한편, 졸음 등의 중추신경계에 미치는 부작용이 적은 것으로 알려진다.

◆ (알러지 치료용) 스테로이드 제제
스테로이드는 알러지와 연관된 감염을 줄여 주고, 다양한 알러지 증상을 방지하거나 완화해 준다. 알러지 치료를 위한 스테로이드 제제는 다양한 형태로 활용되는데, 심한 알러지나 천식 치료를 위해 알약이나 물약의 형태로, 천식용 흡입기로서 특정 부위에만 작용하는 약제에서부터, 계절성 또는 연중 알러지 치료용 코 스프레이, 피부 알러지 완화용 크림, 알러지성 결막염에 작용하는 눈 점안약 등 다양한 형태로 개발되어 왔다.

스테로이드제제는 알러지에 대해 매우 효과적으로 작용하는 약제이나, 약효를 발휘하기까지 다소간의 시간(예: 1~2주)이 걸리는 것으로 알려지고, 제대로 된 효과를 보기 위해서는 정기적으로 복용해야한단다. 또한, 탁월한 효과에 상응하는 다양한 부작용을 보유하는 것으로 알려지는데, 단기 투약으로도 관찰되는 증상으로는 체중 증가또는 고혈압이 대표적이고, 장기 사용에 의한 잠재적 부작용으로는,성장 저하, 당뇨, 백내장, 근육 약화 등이 있다.

◆ 기타의 알러지 치유 약품

미국의 의료정보에서도 우리처럼 소금물을 이용한 코 세척과 같이 손쉬운 방법으로 웅혈이나 콧물흐름과 같은 약한 알러지 징후를완화하는 방법을 소개하고 있다. 이에 더하여, 글로벌 의학사이트에서 열거된 알러지 치유수단으로는 웅혈제거제(Decongestants, 코 스프레이나, 점안약, 알약의 형태로 나와 웅혈을 완화), 면역시스템 세포 안정제(Mast Cell Stabilizers, 점안약이나 코스프레이 형태로 경중또는 중증 알러지의 치유에 쓰임), 루코트리엔 수정제(Leukotriene Modifiers, 천식과 코의 알러지 치유에 사용되는 경구 투약 약제), 면역제치료법 이뮤노쎄라피(Immunotherapy, 면역체계 구축을 돕는 약제로 연중 3개월 이상 알러지 질환자에게 효과적임) 등이 있다.

점안약의 종류 및 보관법

　우리는 흔히, 점안용 물약을 사서 넣게 된다. 나도 그런 편인데, 가장 흔하게는 눈이 가려운 날이 있다. 나이가 들면서, 약물 알러지 외에도 종종 알러지 반응을 일으키는 빈도가 조금 있는 편으로, 갑자기 눈 부위가 가려운 날이 있고, 때로는 심하게 가려워서 참기 어려운 적도 있다. 이때는 쉽게 점안약을 찾게 되는데, 약국에서도 알러지성 결막염에 효과적인 점안약을 일반의약품으로 쉽게 구입할 수 있다. 문제는 이러한 증상이 좋아진 후에도 반 이상 남아 있는 점안약을 계속 두고 쓸 수 없는 성격이라는 데 있다. 보관방법도 그렇고 오랫동안 보관할 수 있는 방법은 없을까.

　한번은, 시골에서 벌초 중 예초기에 튕긴 작은 돌이 안구를 강타한 적이 있었다. 처음엔 몰랐는데, 그날 밤부터 부어오른 눈은 매우 빨갛게 부어올랐는데, 주말에 연 병원이 없어, 월요일에 회사 근처(명동) 큰 안과에 가서 검진을 받기에 이른다. 의사 선생님이 겁을 주려고 그러는 것인지, 치료를 제대로 못하면 시력을 잃을 수도 있다는 식의 말씀도 하셨던 것 같다. 이는 내가 생각지도 못한 눈의 감염과 관련된 것인데, 외부 물체의 충격에 의해 눈이 다쳤을 때 쉽게 넘겨서는 안 된다는 교훈을 얻게 된다.

◆ 점안약의 종류

 한번은, 시골의 어머니가 눈이 침침하다고 하시길래 함께 약국에 갔더니 침침한 눈을 조금 완화해 주는 용도의 점안약이 조금 저렴한 종류도 있지만, 나의 예상을 훨씬 뛰어 넘는 고가의 점안약도 있음을 알게 되었다. 그날 1만 원이 넘는 점안약을 하나 사드렸는데, 며칠 후 어머니가 느끼는 만족감은 그 가격에 비례하는 것이었다. 생각보다 시중에는 무수히 많은 브랜드의 점안약이 존재하고, 그 용도와 종류도 다양하다. 아마 여러분의 집 안에도 몇 개의 점안약이 사용 후 방치되어 있을 가능성이 높다고 본다.

 아래는 대략적인 점안약의 종류와, 사용처, 부작용과 관련된 정보이다. 해당 약품의 설명서에 기재가 되어 있겠지만, 꼭 참고해 두고 점안약을 혼동해서 사용하는 위험을 피해 보자.

〈참고〉 주요 점안약 유형 비교

종류	사용처	부작용, 단점	주요 브랜드, 성분
알러지용 점안약	알러지 증상 (가려움, 눈물 흐름) 해소	• 적열(빨개진 눈) • 눈물 고임 • 흐릿한 시야	리보스틴, 파타놀 등
안구건조 점안약	심각한 건조증	• 가려움, 결막염 • 이물감 • 눈곱	'히알루론산' 또는 '카르복시메틸셀룰로오스' 성분
Rinse drops	티끌이나 먼지를 씻어내는 용도	• 적열상태 • 쑤시는 듯한 감각	

스테로이드성, 항생제성 점안약	감염의 치유, 안구염증/통증 치유	[스테로이드성] • 다른 안구질환 유발 가능 • 오랜 사용시 녹내장 또는 백내장 유발 가능	[스테로이드성] 프리드니솔론 등
		[항생제성] • 초기에 낮은 효과	[항생제성] 겐타마이신 등
녹내장 drops	액체/분비물 조절, 안압 저감 용도	• 흐릿한 시야 • 우울감 • 고혈압	알파간 피, 베톱틱스 등

[자료 참조]: www.eyehealthweb.com/eye-drops/

◆ 점안약의 사용 및 보관방법

모든 약이 그렇겠지만, 처방없이 일반의약품으로 살 수 있는 점안약보다는 처방을 통해 구매하는 약의 약효가 상대적으로 뛰어난 것으로 알려진다. 주의할 점은 일반의약품으로 쉽게 구매할 수 있는 안약이라도, 너무 과도하게 사용해서는 안 된다는 것이다. 즉, 구매한 안약이 증상 개선에 효과가 있다고 하여, 너무 자주, 많이 사용하는 경우 오히려 다른 형태의 부작용을 낳는 등 남용의 문제가 있다는 것이다.

더불어, 통상의 안약은 직사광선에 취약하고 미생물에 오염되기 쉬워 서늘한 곳을 찾아 보관하는 것이 좋고, 개봉 후에는 최대 1개월을 넘겨 사용하지 않도록 권장된다. 통상의 안약에는 성분보존 등을 목적으로 방부제가 포함되는데, 이것이 알러지를 유발할 수도 있다

고 한다. 따라서 눈이 가려운 증상이 생길 경우에는 사용을 중지하고
안과를 찾아 상담하는 것이 좋겠다.

〈생활 속 약학상식〉 점안약의 현명한 사용법

◇ 점안약 보관은, 햇볕이 없는, 서늘한 곳에 보관
◇ 일단 개봉 후 최대 1개월 이내에 사용: 넘으면 세균에 노출 위험
◇ 점안 후 눈 깜빡임 줄이기: 깜빡거림 시 눈물길을 통해 안약이 빠져나감
◇ 안약은 한두 방울만: 많이 넣으면 얼굴로 넘쳐흐르고, 알레르기 등 유발 가능
◇ 여러 안약 동시 사용 시: 점안 후 3분 이상 참았다 두 번째 안약 점안

연고의 종류와 관리법

어느 날 나는 책상 서랍 깊숙이 방치되어 있던 여러 개의 연고를 발견하게 되는데, 그중 에스로반 연고가 세 개나 나오게 된다. 아마도 병원에서 처방받아 약국서 받은 연고를 무심코 받아 보관하고 있었던 것 같다. 나의 어머니는 연고처럼 생긴 것은 아무 데나 그냥 바르시는 경향이 있다. 예를 들어 상처가 난 곳에 피부염 연고를 바르는 식이다. 큰 탈이 나지는 않겠지만, 연고의 표면에 적힌 간단한 효능이나 어려운 개념의 약학용어(예: 포도상구균 등 세균의 종류)를 보면, 아직도 가득 남은 여러 연고가 각각 어디에 쓰이는 것인지 헷갈릴 때가 너무도 많다.

◆ 주요 연고의 특징 및 효능 비교

우리에게 가장 친숙한 피부용 연고는 크게 두 가지로 나눠볼 수 있겠다. 즉, '일반 항생제 연고'와 '항진균제 연고'가 그것이다. 후시딘, 마데카솔, 박트로반 등 항생제 연고는 상처 부위에 2차 세균 감염을 예방하고 염증생성을 방지해 주는 효능을 가지는 반면, 항진균[22]제를 함유한 피부 연고제는 무좀, 어루러기와 같은 진균성 피부질환에 사용하는 치료제다.

....
22   진균(眞菌, fungi=fungus): 곰팡이 등

〈주요 피부질환 및 피부연고제〉

연고제 종류	주요 성분	피부 질환	주요 브랜드
항균제	무피로신, 퓨시드산, 네오마이신	상처의 감염방지, 세균성 피부감염증	마데카솔, 후시딘
항진균제	테르비나핀, 시클로피록스	무좀, 백선, 어루러기	여러 무좀약 브랜드
항바이러스제	아시클로버, 리바비린	단순, 대상포진	

[출처] 대한민국정부브리핑, 피부연고제(2018. 5. 4.)

너무도 당연한 얘기지만, 이토록 다양한 연고는 그 성분과 용법을 알고, 적절히 사용해야만 그 약제로부터의 부작용을 줄일 수 있을 것이다. 특히, 스테로이드 성분을 함유한 연고는 장기 사용에 따른 부작용도 고려하여야 한다. 아래에서는 여러 가지의 연고 중 약국에서 판매하는 이른바 국가대표격의 '일반의약품'을 비교해 본 자료를 소개하고자 한다.

〈참고〉 바르는 연고 대표주자 비교

이름	유효성분	치료 대상	비고(특징)
후시딘	퓨시드산 나트륨	• 피부에 존재하는 일반균 (포도상구균 등)에 작용 • 항생제 연고	• 빠른 상처 치유, 덧나지 않게 • 딱지 위 항균효과

마데카솔 케어 연고	센틸라아 시아티카 추출물+ 네오마이신 황산염	• 피부 재생 촉진과 흉터 예방 • 네오마이신황산염은 포도 상구균에 작용 • 항생제 연고	• 피부재생(흉터방지)에 강점
복합 마데카솔 연고	센틸라아 시아티카 추출물+ 네오마이신 황산염+ 히드로 코티손 아세테이트	• 마데카솔케어 연고의 효 능에 항염증 작용 보완 • 히드로코티손은 스테로이 드성분(항염효과)	• 마데카솔케어(상처치유+ 피부재생)+항염 • 가려움 완화 [주의] - 진균감염 사용 금지 - 장기 사용 금지
박트로반 연고/ 에스로반 연고	무피로신 (항생제 성분)	• 후시딘이나 마데카솔 대 비 넓은 항균 효과 • 각종 포도상구균에도 및 연쇄상규균, 대장균 등에 효과	• 종기,농가진(고름딱지) • 세균성 피부감염증 • 곪은 상처 • 외상(상처) 및 화상 시 세균성 피부 감염증
라미실, 카네스텐 등	테르비나핀 염산염/ 클로 트리마졸	• 무좀, 어루러기 등 피부 진 균(곰팡이) 감염증	• 피부진균 감염증, 족부백선 (무좀), 고부백선(완선), 각 종 백선(버짐=곰팡이 유발 질환) • 어루러기

　우리가 익히 알고 있는 후시딘 연고와 마데카솔 케어 연고는 공히 항생제 연고로서, 일반적인 상처(베이거나 찢긴)의 치유에 무난하지만, 항균 범주에 다소 차이가 있고, 피부재생 효과에서도 차이가 존재한다. 이러한 항생제 연고는 진균 감염, 바이러스성 피부질환에 사용하면 오히려 피부에 나타난 증상을 심화시킬 수 있다고 하니, 대충

아무거나 바르면 안 된다. 즉, 진균 감염인 무좀(족부백선) 등의 경우에는 '테르비나핀염산염' 또는 '클로트리마졸' 등을 함유한 진균 감염증 및 족부백선(무좀) 전용 연고를 발라야 한다.

〈참고〉 대표적 '세균(bacteria)' 소개

▶ 그람양성균[Gram-Posotive] vs 그람음성균[Gram-Negative]
세균은 그람염색법이라는 분류기술을 통해 염색시 변화하는 색깔에 따라 그람양성균과 그람음성균으로 구분된다. 그람양성균 중 (병을 유발하는 세균으로서) 포도상구균, 폐렴균 등이 대표적이고, 그람음성균에는 대장균, 살모넬라균, 인플루엔자균, 페스트균 등이 있다.

▶ 포도상구균[Staphylococcus]
우리의 피부 등에 터 잡아 살고 있는 대표적인 세균이다. 세포의 모양이 '포도송이'처럼 보이는 세균으로, 사람의 피부나, 털, 코 점막 등에서 살고 있다. 식중독을 일으키는 원인균이기도 하고, 상처의 감염, 종기, 각종 피부 감염을 유발하는, 대단히 악명 높으며, 흔한 대표 세균이다.

단순한 감염 방지의 목적을 넘어, 염증을 치료해야 하는 경우에는 스테로이드성 연고(예: 복합마데카솔)가 효과적인데, 여기에는 항염증 작용을 하는 약제(예: 히드로코티손)가 포함되어 있다. 종기나 농가진 등 전염성 세균의 경우에는 약품설명서에서 그 효능으로 기재한 연고를 바르는 게 효과적일 것이다.

◆ 주의 사항: 과유불급_너무 많이 바르지 말자

나의 처남이 칼에 베인 상처 치료를 위해, 후시딘을 상처 틈새에 바르고 병원에 갔더니, 의사가 핀잔을 주더란다. 틈새의 연고가 상처를 아물게 하는 데 방해가 된다는 취지였단다. 그렇다면, 어느 정도의 연고를 어디에 발라야 한다는 것인가? 매우 애매하다. 찾아보니, 조금 깊게 베인 상처는 일반 연고 보다는 소독약(빨간약)으로 간단하게 처치한 후 병원을 바로 찾는 것이 좋다고 한다. 반면, 경미한 상처는 청결한 관리로 자연 치유를 도모하면 되고, 작은 상처에도 과도하게 연고를 바르는 것은 오히려 안 좋을 수도 있다고 한다.

중요한 점은, 너무 과도한 연고의 사용을 지양해야 하며, 연고 사용 후 상태가 좋아졌다면 적절한 순간에 사용을 멈춰야 하는 것이다. 증상이 완화되었음에도 항생제 연고나 스테로이드 연고 등을 지속 사용 시 내성의 문제 등을 낳기 때문이다. 더불어 소독약의 경우에도, 너무 자주 사용할 경우 지나친 자극과 세포의 손상으로 피부 재생을 방해할 수도 있다고 하니 주의하자.

◆ 스테로이드 연고

스테로이드라고 하는 것은 스테로이드 핵을 가진 화합물로서, 우리 몸속에 콜레스테롤이나 호르몬 등을 이루고 있는 물질의 일종이다. 이러한 스테로이드는 부신피질(adrenal cortex)[23]에서 나오는 코르티손[24] 같은 것들을 말하며 강한 항염증작용을 갖는다. 이러한 호르몬을 인위적으로 만든 코르티손, 덱사메타손 등의 제제는 여러 용도로 사용하게 되는데 류머티스나 천식, 각종 피부질환의 염증을 줄여 주는 효과가 탁월한 반면, 장기간 사용하게 되면 부작용도 강하므로 사용 시 충분한 주의가 필요하다.

스테로이드제 연고는 심한 진물이 나오는 경우 또는 염증이 심한 경우 증상을 완화하는 데 좋은 효과가 있는 것으로 알려진다. 하지만 장기 사용 시 면역력 저하로 여러 부작용을 낳게 되는데, 피부가 얇아지는 한편, 탄력이 없어지거나, 어둡게 변하는 증상이 그것이다. 효능이 강한 연고를 2주 이상 사용하게 되면 내성이 생길 수 있다고 알려진다. 그렇다고 갑자기 사용을 중단하는 것보다는 점진적으로 사용량을 줄여 나가는 것이 효과적이라고 한다.

....
23 콩팥과 이웃한 '부신'은, 바깥 부위의 '부신피질'과 안쪽 부위의 '수질'로 구성되는데, 이중 부신피질에서 스테로이드 호르몬이 생성 및 분비된다고 한다.
24 코르티손(cortisone): 부신에서 극소량만 자연 생성되는 호르몬으로, 의학기술에 의해 인위적 합성이 가능하다.

II-3
기타 약에 대한 상식

약학에 대한 문외한으로서 약제와 그 작용에 대한 공부를 하면서 느낀 점은, 약은 알면 알수록 재미있는 부분이 많다는 것이다. 숨겨진 비밀과 내용도 많아서, 놀라게도 되지만 흥미롭다. 우리가 경제 상식을 통해, 개인의 부를 쌓고 가정의 재테크에 활용하는 것처럼, 좋은 약학상식은 나의 몸을 더 건강하게 하고, 우리 가정의 건강관리('Health-tech')에 적지 않은 도움을 줄 것이라는 믿음이 커진다. 어찌 보면 병원보다 가깝고, 친숙한 약국. 그 약국의 이용과 약과 관련된 숨겨진 정보를 조금만 더 알아보자.

약의 보관(유효기일 관리의 중요성)

웬만한 가정에서는 상비약을 보관하고 있고, 소화불량, 두통, 간단한 감기의 경우에는 잘 보관해 둔 상비약 통을 열고 1차적 진료를 수행하게 될 것이다. 주의할 점은, 일부 약제의 경우 유효기한 경과 후 사용 시 문제가 될 수도 있는데, 예를 들어 심한 감기증상에 처방되는 항생제 중 하나인 '테트라싸이클린'은 장기 보관 시 약 성분이 변화하여 신장 등에 부정적으로 작용할 수 있다고 한다. 즉, 약이 아닌 독이 되는 것이다. 또한 유효기간이 지난 연고를 바를 경우 피부 가려움증이나, 적열(붉게 달아오르는) 증상을 유발할 수도 있다고 하니, 약에 있어서는 절약 정신을 발휘하기보다는 정해진 유효기간을 지키는 것이 중요하다.

◆ 약의 냉장보관?

약은 적절히 보관해야 한다. 그것은 약이 처음 만들어질 때 함유한 약효와 성능 유지를 위해 매우 중요하다. 통상의 약품은 직사광선과 습기를 피해, 시원하고 건조한 곳에 보관해야 한다. 문제는, 우리의 여름이 길어지고, 더운 날과 습한 날도 점점 늘어나는 기후에 있다. 기상학적으로는 6~8월을 여름으로 본다고 하나, 대낮의 기온이 여름처럼 느껴지는 달은 5월에서 10월까지도 이어지고 있다. 즉, 온도와 습도가 높아지는 여름이 길어질수록 약의 변질이 가속될 우려가 높아진다.

　날씨가 더워져 냉장고에 대한 의존도가 늘어가는 시기가 되면, 약을 냉장고에 보관하고 싶은 욕구가 한번씩은 생길 텐데, 냉장고에 약을 보관하면 습기가 차거나, 내부 온도의 잦은 변화 등으로 약 성분이 변질될 수 있어 권장되는 방법은 아니라고 한다.

　따라서, 해당 약품의 설명서에서 냉장보관이나 냉동보관을 별도로 명시해 두지 않았다면, 가급적 해당 약제에서 권하는 보관방법을 충실히 따르는 것이 현명한 약 보관 방법이다. 그럼에도 불구하고, 혹시라도 냉장보관이 안전하다는 맹신을 갖고 계신 어르신이 있다면, 가급적 온도변화를 최소화할 수 있도록 문에서 멀리 떨어져 있는 곳, 즉 기온의 변화를 최소화할 수 있는 곳으로 보관장소를 옮겨 드리는 것이 좋겠다.

〈생활 속 약학 상식〉 약을 냉장고에 보관해도 되나?: 대체로 No!

일부 물약 등의 경우 냉장보관을 필요로 하며, 실온에서 보관 시 독성을 갖거나 약효가 떨어지는 경우도 있다고 한다. 그러나, 대다수 약품은 오히려 냉장 보관 시 부작용을 유발할 수 있는데, 가장 큰 이유는 수시로 여닫게 되는 냉장고 온도가 수시로 변하기 때문이다. 또한, 의도하지 않게 온도가 너무 내려가면 얼음 결정체가 생성되면서 약에 손상을 줄 수도 있다고 한다. '실온'에서 보관하더라도 통상은 섭씨 25도를 넘지 않는 것이 좋다고 한다. 따라서, 더워지는 계절에는 약의 보관에 더욱 유의해야 하는 것이다.

[자료 참조] 1. https://www.healthxchange.sg/medicine-first-aid/medicine/shouldmedication-kept-fridge, 2. www.southernhealth.nhs.uk/Storing medicines in fridges

반복하지만, 약품의 설명서에서 저온 보관을 특별히 규정하는 경우가 아니라면, 실온에서 보관하되, 습기가 적고, 직사광선이 없는 곳에 보관하는 것이 현명한 보관법이라 생각한다. 또한, 약품마다 적힌 유효기간을 먼저 살피는 습관을 통해, 기간경과로 인해 약이 변질되고, 그 약의 복용으로 커다란 부작용을 경험하는 일이 없도록 하는 것이 좋겠다.

〈참고〉 '상온' vs '실온'

일부 약품 설명서에 한자어로 표기된 내용 중 '냉소', '상온', '실온', '미온' 등 조금 어려운 표현이 나온다. 과연 어느 정도의 온도를 의미할까? 이에 대해 약제적 관점에서의 답안은 「대한약전[25] 통칙 15조」을 참조해 볼 수 있는데, 냉소는 통상 15도 이하의 장소를 가리키고, 상온(15~25℃), 실온(1~30℃), 미온(30~40℃)과 같이 애매한 구간에 대해서도 대략적인 온도의 감을 잡아 두는 것이 좋겠다.

◆ 유효기간의 관리 습관, 처방약은 과감하게 버리기

약에도 당연히 유통기한이 존재하고, 통상적인 유통기한은 1~2년이라고 한다. 인터넷 기사 등을 따르자면 많은 시민들이 약의 유통기한을 중요하게 생각하지 않고, 유통기간을 훨씬 넘어 장기 보관하는 비중도 적지 않은 것으로 알려져 있다. 특히 절약이 몸에 배인 우리의 부모님 세대 어른들은 어차피 약의 효능은 그대로일 거라는 생각에

....
25 대한약전: (의약품의) 표준규격, 저장방법 등 적정 취급기준을 담아 식품의약품안전청장이 공고한 자료.

유효기일에 크게 신경 쓰지 않고[26] 표지에 쓰여진 효능만을 믿고 약을 복용하거나 심지어는 처방받은 약까지도 보관하고 있다가 비슷한 증상이 나타났을 때, 다시 복용하는 경우도 있다고 한다.

심지어는 비슷한 증상이 아님에도, 본인의 직감을 믿고 유사한 병으로 판단하여 기존 처방약을 무심코 사용하는 경우도 있을 것이다. 절약이 몸에 밴 습관에서 나온 것이라고 보는데, 이는 변질된 약을 먹거나 질병의 내성을 키우는 등 매우 위험하고도, 현명하지 못한 약의 복용 습관이라 할 수 있다.

특히 항생제와 같이 복용 시 유의해야 하는 약제라면 더 심각해진다. 전문가들이 말하기를, 특히 처방된 약은 처방된 기일까지는 성실하게 복용하되, 중간에 복용을 중단하고 남았더라도 미련을 갖지 말고 버리는 것이 상책이란다. 약은, 우리의 생명을 살리기도 하지만, 생명에 치명적인 결과를 초래하기도 한다.

....
26 특히, 약품에 기재된 글자와 숫자는 대체로 작고, 글의 간격도 촘촘하다. 따라서, 시력이 좋지 않거나, 노안이 있는 사람은 유효기일마저 읽기 어려운 경우도 흔하다

약의 위험성과 처방약 관리 능력

미국의 방송이나, 신문기사에서는 약의 부작용과 약물로 인한 사망에 대해 매우 자주, 다양하게 언급하고 있음을 알게 된다. 미국인과 한국인의 사망원인 조사 통계를 비교해 보면, 미국인과 한국인의 사망원인 순위는 3위까지(암, 심장 질환, 뇌질환)는 순서가 조금 다를 뿐 비슷한 양상이지만, 미국인의 사망원인 4위는 우리에게는 조금 생소한, '약 부작용'이 차지한고 있다는 것이다. 조금 더 주목할 부분은 처방된 약의 복용으로 인한 사망 수치만으로도 미국인의 사망원인 중 4위를 차지하고 있다는 것이다.

(The estimate, which didn't include those who died as a result of prescribing errors, overdose and self-medication, would make taking properly prescribed drugs the fourth leading cause of death in the U.S. 〈출처 :By Michael O. Schroeder Staff WriterSept. 27, 2016, U.S. News & World Report〉)

◆ 한국인의 약물 사망 통계: 아무도 모름

그렇다면 해마다 미국인의 10만 명 이상이 사망한다는, 약 부작용으로 숨지는 한국인은 얼마나 될까? 정확히 알 수 없다. 우리가 미국인들에 비해 약의 평균 복용량이 많은지 적은지에 대한 직접적인 비교통계는 없지만, 아마도 크게 적지는 않을 것으로 예상한다. 약국이 워낙 많고 흔해서, 약에 대한 접근성이 너무 좋은 데다가 약 부작용에 대한 인식과 관리체계가 미국보다 낮다고 자신할 수 없기 때문이다.

앞으로, 시민들의 인식이 커질수록 약물 부작용에 대한 이슈는 자연스럽게 증가할 것임을 나는 확신할 수 있다. 처방약이 안전하다는 인식은, 모두에서 말한 의사와 일반 환자와의 관계, 약사와 일반 환자와의 관계, 그리고 의사단체와 약사단체와의 이해관계, 그리고 의약을 관할하는 정부기관의 태도 등이 종합적으로 작용한 결과라고 본다.

그러나, 앞으로는 조금씩 바뀌어야 한다. 노령층 인구비중이 점점 늘고 있을 뿐더러 평균 수명도 지속적으로 증가하고 있어, 우리가 약물에 의존하는 시간은 늘어날 수밖에 없다. 지금처럼 피동적인 복용자로서의 점잖은 태도보다는, 의사와 약사에게 당당하게 묻고, 또는 약제에 대한 환자의 요구나 주장이 자연스럽게 받아들여지고 반영되는 조금 진보된 약 사용문화가 확산되었으면 한다.

◆ 처방전/의료정보의 해독 능력

미국에서 65세 이상의 환자를 대상으로 한 조사에서 기본적인 의료 처방전을 이해하지 못하는 사람들이 처방전을 읽는 데 아무런 문제가 없는 사람들보다 6년 내에 사망할 확률이 훨씬 높은 것으로 나타났다고 한다. 과거, 미국 예방약학 전문 잡지에 실린 논문[27]의 저자

....
27   'Health literacy and health risk behaviors among older adults', American journal of preventive medicine(2007 Jan)

인 노스웨스턴 대학 데이비드 베이커(David Baker) 교수는 노령층의 경우 아주 기본적인 내용의 이해에도 많은 어려움을 겪고 있음을 지적하며, 고령의 천식환자가 치료용 흡입기의 사용법을 제대로 이해하지 못하여 천식의 치료가 효과적으로 이루어지지 못하는 것을 예로 들었다.

나는 이러한 신문기사나 정보에 깊이 공감하게 된다. 왜냐하면 나의 어머니의 경우에도 약품을 복용하는 데 많은 어려움을 겪고 있음을 알고 있기 때문이다. 예를 들어, 복용 중인 여러 약의 상호작용을 충분히 이해하지 못하면서 드시기도 하고, 상비약에 기재된 복약지침을 아예 읽지 않고 복용하는 경향이 있어, 여러 약을 혼용하는 과정에서 오히려 병을 키우거나 제대로 치유할 기회를 놓칠 위험이 상당하다고 느끼고 있다.

의사는 매번 노년층 환자에게 자신이 처방한 약 부작용에 대해 일일이 설명해 주지 않을 것이다. 따라서 환자 본인이 처방받은 약 설명서를 꼼꼼하게 읽어야 하는데, 약 설명서에 기재된 효능이나 부작용등은 역시 읽기도 어렵고 해독하기 어렵다. 그리고 부작용이 과도하게 나열되어, 주의하라는 선언적 의미로밖에는 읽히지 않는다. 따라서 노년층의 약 복용에는 항시 위험이 수반되는 것이다. 이에 더하여, 어르신들은 이전에 비슷한 증상에서 받아 둔 처방약으로 유사한 증상 시 복용하는 경우도 있는데, 일부 약제가 가진 강력한 효능이나 부작용을 감안할 때 매우 위험한 행동이다. 약이 아니라 독으로 작용할 우려가 커진다.

미국의 의료정보를 참조하자면―그들의 커뮤케이션 문화가 영향을 주었겠지만―개인들이 단순히 처방지침을 따르는 것 이상의 약 복용 노하우를 가질 것을 주문한다. 또한, 부모의 약 복용에 대한 자녀들의 의무(복용지침을 대신 알아보고 알려 줄 의무 등)를 강조하기도 한다. 유명 약학 관련 정보 사이트 및 언론에 약제전문가가 정리한 아래의 약 복용 노하우를 한번 살펴보시되, 우리나라와 다른 복용환경이 있음을 감안해 주시기 바란다.

〈참고〉 시니어(노인)를 위한 안전한 약 복용 노하우

◇ 스스로의 건강 상태와 복용중인 약에 대해 배우고 공부하려는 노력
◇ 약 리스트 만들기(약물 이름, 처방 병원, 약의 목적, 복용빈도 등)
◇ 일반의약품의 복약안내서 꼼꼼히 읽기(복용주기, 부작용, 경고, 보관법)
◇ 한 개의 고정 약국을 사용(자연스럽게 당신의 약복용을 관리해 주는 효과)
◇ 안전한 약 보관(유효기일 관리&최초에 담긴 용기에 보관)
◇ 처방약은 절대로 다른 사람과 나눠먹지 않기
◇ 당신의 약에 대해서는 어리석은 질문은 없다(의사와 약사를 귀찮게 하라)
◇ 새로운 이상징후를 경험했다면, 먹고 있는 약을 먼저 의심해라
◇ 당신의 약사로부터(약물의 위험 및 상호작용 등) 의견을 많이 청취하라

[출처] 1. http://www.bemedwise.org/medication-safety/medication-therapy-management-for-seniors, 2. 6 Ways to Reduce Prescription Drug Risk (Michael O. Schroeder, Sep 2016, a health editor at U.S. News since 2015)

약값의 비밀: 우리가 모르는 조제약값의 비밀

평일 회사 근처의 병원에서 받은 처방전을 받아 두고 가지고 있다가, 그날 저녁이나 주말에 약국에서 조제 시 약값(본인부담금)이 올라간다는 사실을 알고 있는가. 아무도 물어보지 않고, 누구도 알려 주지 않는 비밀……. 조금 더 근본적으로는 조제약 등의 수령 후 받는 영수증 역시, 약봉지에 자세한 금액이나 명세가 기재되어 있음에도 일반인들이 그 금액 산출로직을 다 이해하기는 쉽지 않다. 근거 법규인 「국민건강보험법 시행령」에서는 약제비의 본인부담금에 대해 정하고 있으나, 매우 방대하고 복잡할 뿐더러 보건복지부령 등을 참조하지 않으면, 정확한 약제비를 산출할 수 없다. 그나마, 국민건강보험심사평가원에서는 약제비 계산식을 올려두었는데, 이를 참조하여 우리가 조제한 약제의 산출된 가격 로직에 대해 접근할 수 있다.

의료기관에만 가면 약해지는 사람들! 그저, 생각했던 비용보다 적게 나온 약값 자체에 홀려, 별 의문 없이 약국 문을 나왔을 것이다. 그저 조제에 걸리는 시간이 오래 걸리지 않기만을 바랬던 것은 아닌지. 그 약제비에 숨겨진 로직을 살펴보자.

〈생활 속 약학상식〉 약제비, 본인부담금 산정 로직

처방조제약 '본인부담금' 산정 로직

◇ **약제비 총액**(요양급여비용 총액)=**약가+조제료**

• 약　가: 단가×1회 투약량×1일 투여횟수×총투여일수

• 조제료: 약국관리료+의약품관리료+조제기본료+복약지도료+처방조제료

▶ 야간, 토요일, 공휴일 가산

: 조제 기본료, 복약 지도료, 처방조제료 소정점수의 30% 가산

(만 6세 미만은 별도 기준)

◇ **본인부담금**(외래 100원미만 절사) **산정**

총액 및 연령 조건		본인부담금
65세 이상	10,000원 이하	1,000원
	1만 원 초과 1만 2천 원 이하	요양급여비용총액(약제비총액)× 20%
	1만 2천 원 초과	요양급여비용총액(약제비총액)× 30%
65세 미만		

◇ **약국 요양급여비용의 본인부담률 산정특례 요율**

• **상급종합병원** 외래진료 처방전에 따른 약국 조제 시: 본인부담률 50%

• **종합병원** 외래진료 처방전에 따른 약국 조제 시: 본인부담률 40%

※ 6세 미만 아동 본인부담액: 상기 본인률의 70% 적용

※ 예외: 읍·면지역 소재 종합병원 및 보훈병원 등

[자료 참고] 본인일부부담금의 부담률 및 부담액(법 제19조제1항 관련)및 http://www.hira.or.kr, 약제비 계산식

관련 법령 및 시행령, 별표 등의 일부만 요약하여 정리한 것인데, 잘 이해가 되는가. 사실, 관련 법규 규정은 훨씬 복잡하고 어려워 일반인이 정확히 이해하는 것은 매우 어렵다. 어느 정도 정리가 되어 있

는 위의 표를 보더라도, 아마도 여러분은 상당한 연산체계와 다소간의 추정을 동원한 이해가 필요할 것이다.

다만, 우리가 알아 두어야 할 것은 65세를 기점으로 약값 구조가 달라지는 것과, 야간이나 공휴일 등에 조제하는 경우에도 약값이 적지 않게 올라가는 것이다. 굳이, 조제된 약의 성능이 같을진대, 몇백 원이라도 더 부담할 필요가 있을까? 총액기준으로는 몇백 원 상관일 뿐이지만, 이왕이면 알고 있는 것이 유용할 것이다. 처방 조제는 평일 낮에 마무리해야 한다. 그리고 이 점을 주변 사람들에게 공유하고 알리자.

〈생활 속 약학상식〉 조제 약값의 비밀 정리[28]

◇ 약값은 '약가(원재료)'에 '조제료(봉사료)'를 더한 값이다.
◇ 조제료에는 '복약지도료[28](방문 환자당 9백 원 상당)'가 포함된다.
◇ 똑같은 처방전으로도 **야간, 토요일, 공휴일엔 약값이 올라간다.**
◇ 조제료는 환자의 나이에 따라 크게 3구간**(65세 이상, 65세 미만, 6세 이하)** 으로 차등 구분된다.
◇ **동네의원에서 처방받아 약을 지을 경우, 산출된 약제비총액의 30% 정도만 환자가 부담**한다.
◇ 그러나 **종합병원급 이상 외래진료 후 처방 조제 시, 똑같은 약을 받더라도 약 값이 올라간다. 본인부담률이 40%~50%로 상향되기 때문이다.**
◇ 이러한 조제료의 비밀을 다 아는 사람은 매우 드물다.

....
28 '복약지도료'는 약사가 의약품의 명칭, 용법, 효능, 저장법, 부작용 등의 정보를 제공하는 것에 대한 댓가로서, 「약사법 24조」에서는 '약사는 의약품을 조제하면 환자 또는 환자 보호자에게 필요한 복약지도를 구두 또는 복약 지도서로 해야 한다'고 규정하는 한편, 위반시 과태료를 부과토록 하고 있다.

Chapter III

치명적 질병 바로 알기

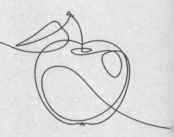

이 장에서는, 나와 같은 가장이, 또는 아내와 우리의 부모, 그리고 성장하는 우리의 아이 모두에게 닥칠 수도 있는, 또는 주위의 누군가는 불행히도 이미 경험했던, 중대 질병에 대해 조금 더 알아보고자 한다. 건강하게 오래 살기 위해, 나와 내 가족에게는 다가오지 않았으면 할 몇 개의 지독한 질환을 살펴볼 것이다.

치명적 질병은, 대체로 그것을 확실하게 막을 비책은 존재하지 않는다. 왜냐면 그 발생 원인이 한두 가지로 명확히 추려지는 것이 아니고, 많은 수는 그 주도적 원인이 불명인 것이 대부분이기 때문이다. 그럼에도 다수의 질병은, 생활 속에서의 장기간의 꾸준한 노력을 통해 극복되거나 그 발병 위험을 줄일 수는 있다고 한다. 즉, 꾸준한 건강관리와 생활습관의 교정을 통해서도 치명적 질병의 발병 위험을 줄일 수 있다는 것이다.

어찌보면, 치명적 질병을 예방하는 것은 그 병에 걸릴 확률을 최소화하는 것. 다시 말하면, 안 걸릴 확률을 극대화하는 노력인 것이다. 우리가 외모를 관리하고, 재산을 관리하고, 인간관계를 관리하는 것보다 훨씬 더 값지고 소중하며, 어찌 보면 인간이 추구해야 할 최고의 '가치'이자 '관리대상'인 것이다. 건강을 잃으면 모든 것을 같이 잃기 때문이다.

◆ 대한민국의 사망원인 분석: 암 〉 심장 〉 뇌혈관 〉 폐렴

　최근 통계청에서 발표한 한국인의 사망 관련 통계(2017년 기준)를 한번 살펴보자. 통상 이러한 류의 자료는 내용이 매우 방대하여, 일반인이 세부내용까지 두루 읽어 보기도 쉽지 않고, 어떠한 자료는 일상생활에서 크게 참고할 필요까지는 없을 수도 있으나, 그 주요한 수치와 현황을 살펴보기만 해도 우리 국민의 질병 현주소를 이해할 수 있을 뿐 아니라, 오래 건강하게 살기 위한 생활에서의 힌트를 찾을 수도 있을 거라 생각한다.

　우선, 우리나라에서 연간(2017년 중) 집계된 총 사망자 수(대략 28만 5천 명) 중 절반 가까이는 3대 질환(암, 심장 질환 및 뇌혈관 질환)으로 사망[29]한 것으로 확인된다. 주요 사망원인은 전체 사망자의 27.6%를 차지한 ① '암'에 이어, ② 심장 질환, ③ 뇌혈관 질환, ④ 폐렴, ⑤ 자살, ⑥ 당뇨병 순이라고 한다. 심장 질환 및 뇌혈관 질환은 남녀 공히 암 다음으로 높은 사망요인으로 확인되었고, 남녀 공히 '폐렴'에 의한 사망이 각각 4위를 차지한 점도 지나치지 않고 살펴볼 가치가 있겠다.

....
29　통계청 자료 기준, 3대 질환으로 인한 사인은 전체의 46.4%의 비중으로 나타났다.

<참고> 남/녀 성별 사망원인 순위, 2017

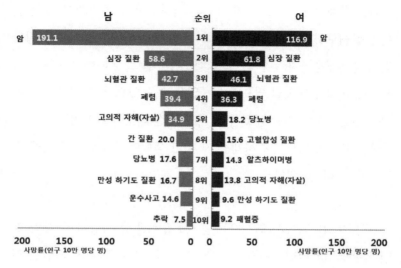

[자료 출처]: 통계청

　이어서, 우리나라 3대 사망원인 중 '뇌혈관 질환'에서 시작하여, '심장 질환'과 '암'을 중심으로 조금씩 살펴보기로 한다.

III-1
뇌혈관 질환

가장 먼저 살펴볼 치명적 질병은, 암에 앞서, 바로 우리의 '뇌'와 관련된 것이다. 어찌 보면 암보다 더 무서운 병이 뇌졸중이라는 말이 실감 나는 것은, 암이라는 질병에 비해 뇌졸중은 발병 시 손쓸 틈도 없이 되돌이킬 수 없는 상황으로 이어질 수 있기 때문이다. 자식이나 부모와의 이별을, 준비할 시간도 없이 맞는다는 것만큼 슬픈 일이 있을까.

우선, 여러 매체에서 공히 언급하는 대표적 뇌혈관 질환 질환에 무엇이 있는지 살펴보자.

〈주요 뇌혈관 질환〉

뇌 혈관 질환	▶ **동맥경화증(Atherosclerosis)**: 동맥 내부의 지방 축적으로 동맥의 벽이 두꺼워지고 혈관을 막아 헐거워지는 현상으로, 뇌졸중의 일반적 원인이 되는 것으로 알려진다.
	▶ **뇌졸중(腦卒中, Stroke)=중풍(中風)**: 뇌의 갑작스러운 혈액 순환 장애로 인한 치명적 질환로서, 의식을 잃게 하고 손발의 마비 등을 부른다. 한방에서의 '중풍(中風)'과 거의 같은 개념이다.
	▶ **일과성 허혈 발작(Transient Ischemic Attack)**: 일시적 허혈성[30](혈관이 막히거나 좁아져, 혈액이 충분히 흐르지 못하는 상황) 뇌졸중 증상이 발생하고 난 후, 이내 증상이 사라지는 것을 말한다. ※ 심혈관 질환인, 심근경색, 협심증 등도 '허혈성' 질환임
	▶ **뇌경색(Cerebral Infarction)**: 뇌의 어떤 부분에 혈액 공급량이 줄어들어 뇌 조직의 일부가 괴사(죽는)하는 것으로, 혈전(혈액이 응고된 덩어리)이 원인이 되어 발생하는 것으로 알려진다.
	▶ **동맥류(aneurysms)**: 동맥벽이 약해져(가해지는 압력에 의해) 부풀어 오른 상태

위의 대표적 질환을 포함하여 뇌혈관 질환은 매우 다양한 양상으로 나타나는데, 그 증상은 혈액이 막히거나 손상된 부위가 어디에서 생겼는지에 따라 달라지게 되고, 뇌 세포가 혈액부족(산소부족)에 의해 얼마나 오래, 많이 영향을 받았는지와도 많은 관련이 있다. 누구든 뇌혈관 손상의 징후나 증상을 보인다면, 무조건적으로 긴급한 의료적 처치가 요구된다. 왜냐하면 그것은 인지적 불능상태 또는 치매와

....
30 허혈성(=ischemic) 질환: a medical problem in which there is not enough blood flowing to a part of the body(= 뇌나 심장 등 중요 신체부위로, 혈액이 원활하게 흐르지 않아서 생기는 의학적 문제), [참조] cambridge dictionary

같은 장기간의 충격을 불러오기 때문이다.

우리나라의 뇌혈관 질환 사망률 통계를 보면, 남녀 공히 암과 심장 질환에 이어 3위를 차지할 정도로, 치명적 질병 트리오 중의 하나이다. 미국에서는(2014년 기준 통계를 감안 시) 뇌혈관 질환이 사망원인 중 다섯 번째에 있는 질병이라고 알려진다.

뇌졸중=중풍:
때를 놓치면 영구적으로 불행해지는 병

재작년 1월. 회사에 있던 나는 울먹이는 처(妻)의 전화를 받았다. 뭔가 큰일이 난 것을 직감한 나는, 회사에 사정을 얘기하고 대구로 가는 가장 빠른 기차를 타게 된다. 조금씩 마음이 무거워진다. 대구에 계신 장모님께서 아침에 안방에서 쓰러지셨다는 것이다. 내려가는 중간에 여러 생각이 스쳤지만, 장인어른에 의해 빨리 발견되어 119요원들을 통해 병원으로 이송되었다는 말에 위안이 되었다. 대구지역 상급종합병원에서 여러 차례의 수술을 거친 장모님은 오래지 않아 기력을 회복하고 아직까지도 무난한 생활을 영위하고 계시다. 뇌졸중의 무서움과, 빠른 발견과 치료가 얼마나 중요한지 몸으로 느낄 수 있었던 기회였다.

단일 질환으로만 사망원인을 따졌을 경우, 급성심근경색에 이어 2위를 차지하는 '뇌졸중'은 회복하더라도 장애가 남게 되어 가족에게는 큰 부담이 되는 질환이어서, 증상이 나타난 후 신속한 처치와 치료를 통해 그 후유증을 최소화하는 것이 무엇보다 중요한 질병이다.

그럼에도 소관 정부부처가 발표한 '급성기 뇌졸중 환자의 진료 적정성 평가결과'에 따르면 조사대상 환자 중 증상 발현 후 3시간 안에 병원에 도착한 환자는 절반을 조금 밑도는 것으로 조사되는 등 치명적인 영구장애를 최소화할 수 있는 기회(골든타임)를 잃는 경우가 많은 것으로 나타났다. 반복되는 얘기지만, 뇌졸중은 사망률이 매우 높은 만큼 무엇보다 예방이 중요하며, 일단 발병하면 최대한 신속하게 의료진의 도움을 받아야 후유장애를 최소화할 수 있다.

뇌졸중이 생기기 전 뇌혈관이 막히거나 부분 출혈이 있으면 신체의 다양한 부위에서 이상이 발생한다. 노년층에 아래와 같은 전조 증상이 나타난다면 일단 뇌졸중의 발병을 의심해 보고, 응급조치를 준비하는 기민성이 요구된다.

〈뇌졸중 전조증상〉
· 신체 일부의 마비: 눈, 얼굴이나 팔다리에 갑자기 생긴 마비, 저림
· 말투의 변화: 평소와 다른 말투, 말하기 어려워 함
· 갑작스런 어지러움, 극심한 두통 및 구토 등
· 음식이나 침 삼키기 곤란

참고로, 미국 뇌졸중 협회(The American Stroke Association)는 대중들이 아래 F.A.S.T.를 인지하고 있어야 한다고 촉구한다. 뇌졸중의 중요 징후와 행동요령을 담은 약자인데, '빠르고 신속한(=FAST)' 응급조치가 절대적으로 필수적이라는 경고처럼도 보이기도 한다. 이는, 뇌졸중의 경고적 사인을 인지하는 도구이므로 알아 두고 기

억하면 좋겠다.

〈참고〉 F.A.S.T. (The American Stroke Association)
▶ Face drooping: 풀죽은, 늘어뜨려진 얼굴
▶ Arm weakness: 힘빠진 어깨
▶ Speech difficulty: 말하기 어려움
▶ Time to call 911: 911에 전화해야 할 순간

　일단 누군가가 의식을 잃고 쓰러진다면 최단기간 내에 의료진의 도움을 받도록 해야 한다. 앞에 언급한 것처럼 뇌졸중 환자의 절반 이상이 3시간 내 응급실로의 이동의 늦어 치명적 장애에 빠졌다고 하니, 최단 시간 내 119구급대의 도움을 받아 병원 응급센터로의 빠른 이송을 도모하는 것이 가장 쉽고도 긴요한 방법이라 하겠다.

　뇌경색의 경우 발병 후 최대 6시간 이내에서만 막힌 혈관을 뚫어 주는 혈전용해제를 사용할 수 있다고 알려지고, **뇌졸중의 경우 통상 발병 후 3시간 이내에 도착해야 혈관을 뚫어주는 혈전용해 치료를 받을 수 있다고 한다.** 또 하나, 119구급대를 부른 후에도 절대 당황해 하지 말고, 도착하기 전까지는 다음과 같은 기본 처치를 하며 기다려 보자. 환자의 안정을 위해서는 가족의 침착한 행동이 꼭 필요하다.

〈생활 속 의학상식〉 구급요원 도착 시까지 행동요령

◇ (턱을 높이고 이마를 낮춰) 기도를 확보하기
◇ 마비되지 않은 쪽을 아래로 하여 눕히기
◇ 단추 풀어 두기
◇ 틀니, 안경, 목걸이, 보청기 등 부착물 제거

뇌졸중의 예방:
지키자 생활습관

　뇌졸중은 누구에게나 닥칠 수도 있는, 너무나 무서운 질병이다. 나이가 든 중년의 경우, 어느 날 아침에 준비 없이 갈 수도 있다는 것. 그래서 암보다 더 무섭다는 말이 나오는 듯하다. 이렇듯, 무시무시한 질병인 뇌졸중도 예방이 가능하다고 하는데, 그 예방법은 조금 흔하게 들었던 질병 예방법에서 크게 다르지 않은 것 같다.

　우선 다음의 두 가지가 중요하다고 한다. ① **건강한 식습관 유지** ② **적당한 운동 등을 통한 정상체중 유지**가 그것이다.

　먼저, 식습관을 조금 살펴보면 ▲ 규칙적인 식사와 저지방 식단을 기본으로 하되 ▲ 염분의 섭취를 줄이되, 인스턴트 음식이나 가공식품 등을 피하는 것이 좋다고 하고, ▲ 콜레스테롤이 많이 든 달걀 노른자, 오징어, 마요네즈 등을 적게 먹어야 한다. ▲ 또한, 삼겹살이나 곱창 등 기름기 성분이 많은 육류 섭취를 자제하는 한편, 혈액순환에 도움을 주는 연근이나 해조류(미역, 다시마 등)의 적극적인 섭취가 권장된다. 또한, ▲ 메밀('루틴' 성분과 비타민 C가 체내의 지방을 낮추고 모세혈관을 강화) ▲ 호박(혈액 순환에 도움 주는 비타민 A와 혈관 건강에 좋은 카로틴 성분 함유) 등이 뇌졸중(중풍) 예방에 좋은 음식으로 두루 알려진다.

건강한 식습관에 이어 ▲ 꾸준한 운동과 이를 통한 정상체중 유지도 예방에 있어 중요하다. 다만, 무리가 가지 않도록 하되 꾸준히 하는 것이 좋고, 너무 이른 아침이나 추운 날씨에서는 운동량을 조절하는 지혜가 필요하다.

◆ 재발의 위험이 높은 질환: 건강한 생활습관을 통해 막자
뇌졸중을 겪은 환자 가운데 절반 가까이는, 5년 이내에 재발하는 것으로 알려진다. 즉, 사전예방도 중요하지만 이미 재발 경력이 있는 분들에게는 재발을 막기 위한 노력이 더 강력하게 요구되는 것이다. 무엇보다, 위에 기술한 '건강한 식습관 유지'와 '꾸준한 운동'을 꼭 기억하고 실천해야 한다.

이외에도 TV 건강정보에서 본 흥미로운 예방법 하나를 소개하자면, 한방분야 유명한 의학박사님께서 생활 속에서 뇌졸중(중풍)을 예방하는 방법으로 여러 종류의 박수 치기를 소개하고 있는데, 예를 들어 양손을 합장하는 듯한 자세로 박수를 자주 치는 습관을 가지면 손가락 마디가 연결된 기관과 혈류에 도움을 주는 로직으로 치매나 중풍 예방에 도움이 될 거라고 한다. 이외에도 다양한 생활 속 중풍 예방법이 존재하니, 필요하다면 방송정보 등을 통해 두루 알아보고, 우

리의 부모들에게 꼭 일러주자.

◆ 뇌졸중 수술 잘하는 병원(1등급)

나의 경험상으로는, 공공기관 등을 통해 공개된 평가등급이 해당 병원에서의 진료의 질적 수준이 절대적으로 높다는 것을 보장하지는 않는다. 비록, 1등급이 아니더라도 양질의 서비스를 제공하는 의료기관이 얼마든지 존재할 것이고, 1등급 병원이라 할지라도 환자에 따라서는 그 진료 및 수술 결과에 대한 만족도가 높지 않을 수도 있다. 그러나, 현실적 제약으로 충분한 검증을 하기 어렵다면 우선 건강보험심사평가원 등에 공시된 정보를 신뢰하여 활용해 보는 것이 최선일 수 있겠다.

〈참고〉 뇌혈관 수술 잘하는 병원

건강보험심사평가원 검색자료에 따르면, 2016년 7월~12월 기간 동안 급성기 뇌졸중으로 응급실을 통하여 입원한 환자가 10건 이상인 상급종합병원과 종합병원을 대상으로 하는 급성기뇌졸증 평가 1등급 병원은 총 133개로 확인된다.
이 책에 모든 병원 현황을 공개하고 싶지만, 선택되지 않은 기관들의 불편, 그리고 평가는 늘 변하는 것임을 고려하여 생략한다. 병원 등급 확인 방법은 1장을 참조하라.

◆ 마무리: 뇌졸중(중풍)에서 제일 중요한 것 → 가족에 대한 관심

다시 한번 말하지만, 뇌혈관 질환에 있어 제일 중요한 것은, 그것이 예고 없이 왔을 때 세 시간 내에 응급실로 이끄는 것이다. 중년들이여,

대비하라. 당신과 당신의 배우자, 그리고 부모의 뇌혈관 관련 이벤트를! 그리고 조금 싸늘한 계절이 오면, 배우자에 대한 사랑, 그리고 다시 한 살이 또 더해질 우리의 부모에 대한 관심을 조금 늘려 보자.

III-2
심장 질환

다음으로 살펴볼 중대질병은 **심장 질환**이다. 뇌만큼이나 심장이 중요한 이유는, 심장이야말로 생명의 근원인 혈액의 생성 및 그 혈액의 순환과 관련 있는 기관이기 때문이다. 심장은 본인의 주먹 정도의 크기를 가졌다고 하며, 우리 몸에서의 역할은 자동차나 비행기가 움직이는 생명력을 갖게 하는 엔진과 같은 의미라 볼 수도 있겠다. 앞에서도 살펴보았지만, 2017년 대한민국 국민의 주요 사망원인 중, 암에 이어 2위를 차지하는 질환이다. 주목할 점은, 미국인들의 경우 이 심장 질환이 암을 제치고 사망률 1위를 차지하고 있다는 것이다.

심장 혈관 관련 질병은 매우 다양하다. 가장 치명적인 것이 심근경색증인데, 그 외에도 조금 흔하게 들을 수 있는 아래의 질환들이 있다.

심장 질환	▶ **심부전**[heart failure]: 한자어로는 '심장이 온전하지 않은 증세'. 즉, 심장의 펌프 기능이 감소하여 우리 몸의 각 조직에 필요한 혈액을 제대로 공급하지 못해 발생하는 질환이다.
	▶ **부정맥**[arrhythmia]: 심장박동은 동방결절이란 조직에서 만들어진 전기적 신호가 전달되어 발생하는데 부정맥은 이러한 심장박동이 불규칙하게 되는 상태로서, 심장 내 전기적 신호의 전달 경로 등의 이상으로 발생한다.
	▶ **협심증**[angina pectoris]: 동맥경화 등이 원인이 되어, 심장에 혈액을 공급하는 혈관이 좁아져서 생기는 허혈성 질환이다. * 혈관의 70% 이상을 막아서 심장근육 일부가 괴사되는 심근경색과 비교하면, 약간의 혈류가 유지되는 상태이다.
	▶ **(급성)심근경색**[myocardial infarction]: 심장혈관인 3개의 관상동맥 중 하나라도 갑자기 막히는 경우, 혈액의 흐름이 멈추게 되고 심장으로의 산소 공급이 급격히 줄어, 심장 근육의 조직이나 세포가 죽어가는 상태가 되는 것이다.

이중에서, 가장 흔하고도 무서운 병. '(급성)심근경색'을 중심으로 조금 더 알아보자. 증상이 나타난 후 조기에 조치/진료를 받지 못하면 영구적 후유장애를 낳는 뇌졸중보다 오히려 더 무서운 것은, 적절한 조치가 없을 경우 바로 사망에 이를 수도 있다는 것이다.

심근경색:
돌연사의 80%

장수를 꿈꾸었을 북한의 지도자 김일성, 김정일의 사망원인이 같았다는 것을 알고 있는가? 그리고 '대한해협 수영횡단'이란 역사적 과업을 이룬 조오련 선생께서도 역시 같은 질환(심근경색, myocardial infarction)[31]으로 운명을 달리하셨다고 알려지는데, 이렇듯 심근경색으로 사망한 지도자나 유명인들을 많이 볼 수 있다. 특히나, 평소 건강을 유지하던 성인 남성 중 많은 사람이 출근하다가, 야근하다가, 주말에 산행하다가 갑자기 사망하는 원인의 상당수가 급성 심근경색인 것으로 밝혀지고 있어 40대 이상의 성인들이 무엇보다 신경을 써야 하는, 공포의 질환이라 할 수 있다.

〈참고〉 '급성 심근경색' 관련기사(너무 흔한 사망원인)

◇ 북한 김일성·김정일 부자가 같은 병으로 숨졌다. 김정일 국방위원장을 급사로 몰고 간 원인은 급성 심근경색이다. 그의 아버지 김일성 주석을 숨지게 한 원인이기도 하다.

[출처] - 국민일보 기사 편집

◇ 지난달 초 서울 자택에서 숨진 채 발견된 3인조 혼성 트리오 '거북이'의 가수 임○○(38)씨. 사인은 급성심근경색이었다. 임씨는, 3년 전에도 심근경색증으로 치료를 받은 적이 있었다.

[출처] - 조선일보 기사

....

31 　과거에는 '심장마비(heart attack)'라는 용어가 더 흔했던 것 같다. 이른 바, 심장이 어떤 원인에 의해 공격을 받아 기능을 멈추는 것인데, 이러한 심장 정지의 가장 대표적 원인이 급성 심근경색인 것이다. 언론 기사에서도 가끔씩은 혼용되는 것으로 보인다.

◆ 심근경색이란?

심장은 심장혈관(관상동맥)에 의해 산소와 영양분을 받아 작동하는데, 이 심장혈관이 혈관 플라크(plaque, 혈관 내벽에 끼는 지방덩어리로, 이것이 발전하여, '혈전'을 형성한다)의 누적 등에 의해 갑자기 막히는 경우, 심장의 전체 또는 일부에 산소와 영양 공급이 급격하게 줄어들어서 심장 근육의 조직이나 세포가 죽는(괴사) 상황을 심근경색증이라 한다. 즉, 혈액을 공급해 주는 핵심조직의 세포가 갑자기 죽어 기능을 하지 못한다는 것이다. 이로 인해 혈액공급이 끊기니, 생명에 지장을 주는 것이다.

◆ 심근경색의 발생 원인

우리의 심장은 기차의 기관실이자, 자동차의 엔진과 같은 존재다. 이러한 심장을 구성하는 심장 근육은 관상동맥이라 부르는 세 가닥의 혈관을 통해서 산소와 영양분을 공급받으면서 혈액을 온몸으로 펌프질하여 보내 주는 중요한 기관이다. 따라서 이 관상동맥이 막히거나 가늘어지는 등 이상이 생길 경우에는 심장 근육에 문제가 발생하여, 협심증이나 심근경색의 원인이 되는 것이다. 이렇게 관상동맥을 막게 하는 대표적 원인 물질로는 다음과 같은 것들이 있다.

· 나쁜 콜레스테롤[low-density lipoprotein(LDL)]
· 포화지방[Saturated fats]: 주로 육류와 유제품(버터, 치즈 등)

발생 로직을 조금 더 살펴보자. 고지혈증 등 혈관질환에 의해 관상동맥의 가장 안쪽 층을 둘러싸는 내피세포가 손상을 받거나, 당뇨/고혈압 등의 만성질환자의 경우 혈전(thrombus)이 잘 만들어지게 되는데, 이러한 혈전이 혈관의 70% 이상을 막아서면 심장 근육 및 세포 일부가 파괴됨으로써 심근경색으로 이어지는 것이다. 이 같은 프로세스를 더 촉진하게 되는 위험인자들을 정리하면 다음과 같은 것들이다.

· 나이(남자는 45세 이후, 여성은 55세 이후 더 높은 위험군)
· 높은 콜레스테롤 레벨
· 당뇨, 고혈압
· 가족력(가족 중 남자 55세/여자 65세 이하에서 관련 질환 경험시)
· 흡연, 운동부족, 스트레스, 각성제 복용 등

◆ 심근경색의 증상
심근경색의 증상에 대해 살펴보자. 심근경색을 경험한 사람들은 모두 같은 징후나 증상을 보이는 것도 아니고, 증상으로 인한 고통의 정도도 다르게 나타난다. 다만, 많은 경우 갑자기 가슴을 쥐어짜는 등의 느낌(흉통)을 호소하게 되는데, 이와 함께 숨 헐떡임(호흡곤란)도 흔한 증세라고 한다. 이외에도 매우 다양한 양상의 징후를 나타내기도 한다.

〈심근경색의 징후〉

- 가슴의 압박감 또는 꽉 죄는 느낌
- 흉통, 아래 턱 통증, 윗 등 통증
- 헐떡임(호흡곤란), 현기증
- 메스꺼움, 구토
- 불안, 초조감, 빠른 심장박동, 땀 흘림

앞에도 말했지만 모든 심근경색을 경험한 사람들이 같은 징후나 증상을 보이는 것도 아니고, 증상으로 인한 고통의 정도에도 많은 차이를 보인다고 한다. 미국 의학 전문 기관인 메요클리닉(Mayo Clinic) 제공정보에 따르자면, 가슴 통증(흉통)은 남녀 모두에게 있어 가장 일반적인 증상으로 알려지는데, 여성의 경우 남성에 비해 등(back)의 상부 및 아래 턱 부위의 통증 및 메스꺼움, 구토 등의 양상이 더 많이 관찰된다고 한다.

우리의 심장 질환 돌아보기

　주요 중증 질환으로 인한 사망통계와 관련하여, 유독 젊은 층이 많이 관여되는 질병이 바로, 심근경색증이다. 조사 결과에 따르면 우리나라의 30~40대 심근경색증 환자의 규모가 과거에 비해 급속한 수치로 늘어나는 추세라고 한다. 아래 40대 경찰관의 돌연사 기사를 한번 살펴보고, 이 병의 위험성을 한번 생각해 보자.

〈참고〉 급성 심근경색 관련 기사(젊다고 방심해선 안 되는 병)

40대 경찰관이 갑자기 숨지는 안타까운 사고가 발생했다. 남양주서 소속 C모(45) 경위가 자신의 차량으로 출근하던 중 신호대기 중이던 차량을 추돌한 후 반대편 차로로 넘어가 진행하던 차량 등을 들이받은 후, 병원으로 후송돼 치료를 받다 사망했다. 유족에 따르면 평소 최 경위는 앓고 있는 지병이 없는 것으로 전해지고, 경찰 관계자에 따르면, "뇌출혈이나 외상이 없는 점으로 미뤄 급성 심근경색으로 숨진 것으로 추정된다"며 정확한 사인을 밝히기 위해 부검을 의뢰할 방침이라고 덧붙였다.

[출처] 인터넷 신문기사 일부 편집

　특히, 우리나라는 젊은 연령층의 발병률이 상대적으로 높은 편이라고 하니, '내가 벌써? 설마' 하는 생각과 같이 자신의 건강을 과신하지 말고, 나이가 들며 몸에 생기는 변화를 돌아보는 여유를 가져야 할 것이다. 한편으로는, 우리나라 젊은 층의 높은 심근경색 빈도에는 우리의 높은 흡연율이 영향을 준다는 주장도 꽤 설득력을 갖는 것으로(성인 남자 흡연율 38.1%, 「2017 국민건강영양조사」) 보인다. 나아가, 대한민국 남성 심근경색 환자의 상당수가 흡연자였다는 정보를 보자면, 흡연과 심근경색의 깊은 상관관계는 조금 무겁게 바라보아야 할 것이다.

◆ 심근경색 예방법: 좋은 식단, 규칙적이고 꾸준한 운동&금연
　심근경색 등 **심장 질환을 예방하기 위한 가장 최선의 방법은 심장 건강에 좋은 도움이 되는 식단을 갖는 것**이다. 이러한 식단은 통곡물, 채소 및 과일, 기름기 적은 음식(예: 고기 대신 생선)을 섭취하는 습관에 더하여 설탕, 포화 지방, 트랜스 지방, 콜레스테롤 다량 함유 음식을 기피하는 것도 병행해야 한다.

　이러한 식습관 개선에 더하여, **규칙적이고도 꾸준한 운동은 우리의 심장 건강을 더 확실히 보장하게 될 것**이다. 담배를 끊어야 하는 것은 당연하다. 이렇게 정리하고 보니, 어디에서 많이 본 듯한 패턴이 된다. 바로, 대사증후군이나 당뇨의 예방법과 너무 닮았다는 것이다. 바로 그렇다. 비만, 당뇨, 흡연, 고혈압 등이 동맥경화/죽상경화를 부르고, 이것이 관상동맥의 흐름을 방해하여 협심증과 심근경색을 부르는 순환체계가 존재하기 때문이다.

〈참고〉 '동맥경화'와 '죽상경화'

종종 혼용되고 있는 용어 중 '동맥경화'와 '죽상경화'가 있다. 흔히 알려진 바와 다르게 뇌졸중, 심근경색 등의 발생 원인은 동맥경화가 아니라 죽상경화증 때문이라고 한다. 또한, 동맥경화가 노화나 고혈압으로 유발되어 동맥 전반에 매우 넓게 분포되어 발현되는 반면, 죽상경화증는 혈액 속 콜레스테롤이 주 원인이 되어 혈관의 일부인 내막에서의 변화에 기인하는 것으로 알려진다.

◆ 심근경색 수술 잘하는 병원

마지막으로, 급성심근경색 수술 잘하는 병원과 관련한 정보이다. 조금 흥미로운 것은, 뇌졸중 수술에 대한 1등급 평가병원에 비해 급성심근경색 수술 1등급 병원의 수가 훨씬 작다는 것이다. 심근경색의 치유가 조금 더 어려운 영역이라서 그럴까? 좋은 병원을 더 잘 찾아보아야 하는 이유가 되겠다.

〈참고〉 급성 심근경색 수술 잘 하는 병원

건강보험심사평가원을 통해, 2016년 7월~12월 기간 동안 급성심근경색증 수술 평가 1등급 병원으로 선정된 기관은 총 61개로 확인된다. 구체적인 명단의 확인 방법은 1장을 참조하시면 된다.

III-3
암(Cancer)

이번 장에서는 우리의 주변, 가족, 동료에게서 너무나도 흔하게 볼 수 있는 질병이자, 듣기만 해도 섬뜩한 질병, 바로 그 '암'에 대해 알아보려 한다. 암은 그 종류도 매우 다양한데, 우리 몸의 머리부터 발끝까지 이 암(악성종양)이 자라지 않는 곳이 없을 정도다. 암으로 인해 사망한 사람이 얼마나 많은지는, 우리가 알고 있는 너무나 많은 가깝거나 유명한 분들이 바로 이것으로 사망했다는 것이다.

가깝게는 내가 가장 존경하는 나의 아버지도 폐암으로 돌아가셨다. 암 발견 이전까지 너무도 건강하시고 멀쩡하게 지내신 분께서, 우여곡절 끝에 암 선고 확정 후 1년 정도만 더 사시다 가신 것이다. 그투병 중 1년이 아버지에게는 너무나 고통스러운 1년이었다. 돌아가시기 전 곁에서 바라본 아버지가 느끼셨던 암환자로서의 고통은, '암 환자'가 감내해야 하는 육체적 통증, 정신적 아픔이 얼마나 크고도 힘든 것인지를 절절히 느끼게 해 주었다.

◆ 대한민국 사망 원인 부동의 1위

암은 이미 수년째 대한민국 사망 원인 중 부동의 1위를 차지하는 병이다. 그런 만큼 사망자도 많고, 현재에도 투병 중인 분들이 너무나 많이 있을 것이다. 2017년 중 우리나라에서 암으로 사망한 사람의 수는 약 7만 8천 8백여 명으로 알려지고, 이는 사망자 통계를 작성해 온 이후로 가장 많은 숫자라고 한다. 조금 더 들여다보면, 10만 명당 암으로 사망한 사람은 대략 154명 정도인데, 폐암으로 인한 사망이 10만 명당 35명으로 가장 많았고, 그 다음이 간암, 대장암, 위암 순이다. 남성의 사망 원인은 폐암, 간암, 위암 순이었고, 여성의 경우는 폐암, 대장암, 위암 순이었다고 한다.

〈참고〉 암의 사망률 추이(남녀합계), 2007-2017

(단위: 인구 10만 명당 명, %)

	암	식도암	위암	대장암	간암	췌장암	폐암	유방암	자궁암	전립선암	백혈병
2007년	138.1	3.0	21.6	13.6	22.8	7.3	29.2	3.4	2.5	2.3	3.0
2016년	153.0	3.0	16.2	16.5	21.5	11.0	35.1	4.8	2.5	3.4	3.6
2017년	153.9	2.8	15.7	17.1	20.9	11.3	35.1	4.9	2.5	3.6	3.6
		4th	3rd	2nd	5th	1st					

◆ 모든 암의 공통 분모=발병 초기 자각 증상이 없음

이 책을 구상하고 준비하면서 암과 관련한 국내외 무수한 정보를 살펴보았다. 이 과정에서 가장 답답한 점은, 모든 암은 예외 없이 그 발병 초기엔 특별한 자각 증상이 없다는 것이다. 어느 정도 진행된 후에야 그 암에 걸맞는 증상이 드디어 나타나는 것이다. 즉, 모르는 사이에 종양이 자라나게 되고, 어느 정도 진행된 상태에서 몸에 불편한 증상을 느껴 정밀진단을 받은 후, 믿기지 않는 절망의 순간(=의사로부터 암의 발병을 전해 듣는 순간)을 맞이하는 것이다.

병을 얻은 후에는 모든 것이 달라질 것이다. 아무리 좋은 음식을 먹더라도, 아무리 좋은 곳으로 여행을 가더라도, 심지어는 로또에 당첨되어 큰 돈을 손에 쥐게 되더라도, 삶이 마냥 즐겁긴 어려울 것이다. 무엇보다, "왜 하필 내가?" 또는 "왜 미리 알아차리지 못했을까?"라는 후회와 자책이 그들을 힘들게 할 것이다.

자! 이제 우리는 이 무시무시하고도 흔한 질병에 대해 발병위험을 최소화할 수 있는 방법을 찾아, 최대한 충실하게 따라보아야 할 것이다. ▲ **무엇보다 생활습관의 개선(금연, 절주, 체중관리)을 통해 암에 걸릴 여지를 최소화하는 것이 필요하고**, ▲ **그 다음으로는 조금 더 빨리 발병사실을 알아내어 한 박자 빠른 조치를 받는 것이다.** ▲ **또 하나는 가족력을 살피고, 암과 관련한 요긴한 정보를 꼭 숙지하여 스스로의 몸을 스스로가 관리하는 의식을 갖는 것이다.**

<참고> 대표적인 '암'의 종류

1	▶ **갑상선암**: 갑상선에 혹이 생긴 것을 갑상선 결절이라고 하며, 이중 악성 결절을 총칭하여 갑상선암이라고 한다.	
2	▶ **구강암**: 잇몸, 혀, 입천장 등 구강 내에 발생하는 악성종양을 통틀어 구강암이라고 한다.	
3	▶ **식도암**: 식도 점막에 발생하는 암으로, 식도의 중앙부위에서 많이 발생하는 것으로 알려진다.	
4	▶ **담도암(담관암)**: 담도(간에서 만들어진 담즙을 십이지장으로 보내는 경로)에 생긴 암이다.	
5	▶ **담낭암**: 담낭(쓸개) 세포에서 생기는 악성 종양이다.	
6	▶ **간암**: 간은 혈류가 모이는 장소로, 다른 기관에서 생긴 암도 간으로 전이가 잘 되는 경향이 있다. 이에, '전이성 간암'과 '원발성 간암'으로 구분한다.	사망률 2위
7	▶ **췌장암**: 인슐린 등을 분비하는 장기인 췌장에서 발생하며, 진단이 유독 어렵고 치유도 어려운 암으로 알려진다.	사망률 5위
8	▶ **폐암**: 폐에 생긴 악성 종양. 암세포가 폐 조직에서 처음 발생한 '원발성 폐암'과, 암세포가 혈관 등을 타고 폐로 이동한 '전이성 폐암'으로 나뉜다.	사망률 1위
9	▶ **위암**: 위암의 대부분을 차지하는 위선암은 위벽의 점막층에서 발생하며, '조기 위암'과 '진행성 위암'으로 나뉜다. ▶ **위 유암종**[32]: 유암종은, 암과 유사한 성질을 가졌다 하여, '유사암종'이라고도 불리는 종양이다.	사망률 4위
10	▶ **대장암**: 결장과 직장에 생기는 악성 종양. 암이 발생하는 위치에 따라 결장암, 직장암 등으로도 구분된다. ▶ **결장암**: 결장에 생기는 악성종양. 주로 양성 종양(폴립,용종)이 진행하여 발생한다. ▶ **직장암**: 직장에 생기는 악성종양. 주로 양성 종양(폴립, 용종)이 진행되어 발생한다.	대장암 (사망률 3위)

....
32 유암종[carcinoidtumors]: 암과 유사한 성질을 지니고 있다고 하여 유사암종 또는 유암종이라 부르는 종양이다.
33 적혈구를 만드는 기관.

11	▶ **악성 흑색종:** 멜라닌 색소를 만들어 내는 멜라닌 세포의 악성 변화로 생긴 종양으로, 손, 발, 얼굴, 등 피부에서 주로 발생하고, 피부에 발생하는 암 가운데 가장 위험한 형태로 알려진다.	
12	▶ **림프종(=임파선암):** 우리 몸의 면역체계를 구성하는 림프조직에서 발생하는 암이다. '비호지킨 림프종(전체 악성 림프종의 약 95% 빈도)'과 '호지킨 림프종'으로 구분된다	
13	▶ **백혈병:** 조혈기관[33]인 골수의 정상 혈액세포가 암세포로 전환되어 증식하면서 생기는, 혈액암의 한 종류이다.	

〈남성 암/여성 암〉

남성암	▶ **전립선암:** 방광 아래에 위치하여, 남성에게만 존재하는 밤톨 크기의 조직인, 전립선에 생기는 악성종양이다.
여성암	▶ **난소암**(여성 5번째): 자궁 양쪽에 있는 타원형 장기인 난소에 생기는 암.
	▶ **유방암:** 유방에 발생하는 선암으로, 여성에게 흔한 암이지만, 10명당 1명꼴로 남성에게도 발생한다.
	▶ **자궁경부암**(여성 빈도 1위): 자궁경부에 생기는 암으로, 바이러스에 감염돼 암으로 발전한다.

주요 장기의 위치	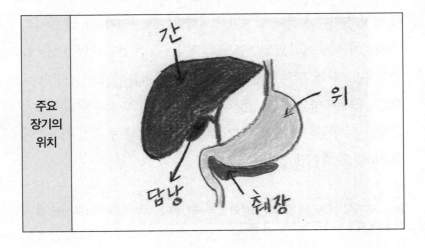

그것이 알고 싶다:
암의 일반적 증상

　나의 아버지는 불과 63세의 나이에 돌아가셨다, 암으로. 평생 전장의 무사처럼 평온을 유지하시던 나의 아버지가 암 진단을 받고 절망하던 그날을 잊을 수 없다. 더구나, 암을 진단하는 과정에서 의료진의 혼선으로 인해 몇 번이나 판정결과가 바뀐 것은, 환자인 아버지는 물론 우리 가족들을 더욱 힘들게 했다. 서울의 암 전문병원에서 암으로 최종 판정되는 과정, 그리고 그 이후 이어졌던 항암치료 과정에서 겪었을 아버지의 혼란과 좌절들.

　암에 대하여 더욱 놀라운 사실은, 우리나라 국민의 일생에서 36.2%[34]가 그 병에 걸리고 만다는 사실이다. 즉, 3명 중 1명은 생애 중에 암에 걸린다는 것이니, 얼마나 절망적인 사실인가. 즉, 암은 걸리지 않기가 매우 어려운 질병이므로, 그저 무작정 걸리지 않는 행운을 기대하기보다는, 암의 위험인자를 최대한 배척할 수 있는 건강한 생활습관을 유지하되, 혹시 발병하더라도 빠르게 그 징후를 알아채어, 그 암이 더 진전되거나 전이되기 전에 치유를 받을 수 있는 기민함이 필요하다 할 것이다.

....
34　국가암정보센터의 통계에 따르면 우리 국민들이 기대수명(82세)까지 생존할 경우 암에 걸릴 확률은 36.2%라고 한다.

다음은, 구글 등을 통해 검색한 해외의 유수정보 중 암과 관련한 정제된 정보를 스터디하여 이해한 내용을 나의 기준으로 다시 정리한 것이다. 여러 의료정보가 중첩되는 등 정보의 검증이 이루어진 일반적인 내용을 중심으로 담았다. 부디, 암의 일반적 징후 등을 미리 알아 두고, 우리 몸이 보내는 신호를 가능한 빠르게 감지할 수 있는 나와 여러분이 되기를 기원한다. 만일 한 명이라도 이 책에서 기술하는 정보로 인해 빠르게 암을 진단하여 그것을 극복할 기회를 얻는다면, 본인은 이 무모한 여정을 계획했던 소임을 다한 것일 수 있다.

◆ 암의 일반적 신호와 징후

거의 모든 암은 그 종양이 형성되는 발병 초기에는 특별한 증상이 없기에 사람들은 각자의 위험요인과 증상을 살펴보고, 때로는 적당한 검진을 통해 확인해야 한다. 특히, 암에 대한 여러 위험인자(흡연, 가족력 등)를 보유한 경우, 몸에 이상한 징후가 있을 경우 그것이 암으로부터 기원한 것인지를 주의깊게 살필 필요가 있는 것이다. 다시 말하지만, **암을 이기는 최선의 방법은 위험인자를 줄이고 조기발견을 도모하는 것**이다.

〈암의 일반적 징후: 4가지(PaWL FeFa)[35]〉
암은 일반적으로, 특정한 징후만으로 그 발병여부를 미리 진단해

....
35   암의 네 가지 대표증상을 모아 이른 바 "폴피파(Pawlfefa)"라 요약해 보았다.

낼 수는 없다. 다만, 암이 발병했을 때 많이 나타나는 공통적 징후에 대해 알아 두는 것은 나름의 의미가 있을 것이다. 만일 누군가에게 아래 중의 어떠한 징후가 하나라도 있거나 그것이 지속된다고 느끼신다면, 빠르고 정밀한 검진을 통한 추적이 강력히 권장된다. 암은, 조기에 발견하는 것보다 더 좋은 치유의 비법이 절대로 존재하지 않기 때문이다.

◇ 통증[Pain]: 암은 암세포가 사람에 따라 다양한 장기와 신체부위를 자극하여 다양한 부위에 통증을 불러온다. 진통제 등으로도 잘 낫지 않거나 쉽게 가시지 않는 통증이 반복되는 경우, 아래의 표를 한번 살펴 보라.

통증→	두통	목 부위	윗배	복통	흉통	어깨, 팔	등통
암→	뇌종양 폐암 백혈병	갑상선 암	간암 담도암	결장암 췌장암 담도암	폐암 식도암	폐암	대장암 난소암 췌장암

◇ 체중 감소[Weight Loss]: 특별한 사유없는 체중감소는 다양한 종류의 암(위암, 식도암, 간암, 폐암, 췌장암 등)에 공통적으로 나타나는, 가장 대표적 징후로 알려진다. 특히, 5kg 이상의 체중감소가 관찰된다면 절대로 간과하여 지나치지 말아야 할 것이다.

◇ 발열[Fever]: 다양한 생활 속 일반 질병이 발열을 일으키기도 하지만, 암에 있어서도 발열은 자주 나타나는 징후라고 한다. 종양

이 진화하고 퍼져나갈수록 발열의 정도나 주기가 심해진다고 알려지고 있으니, 원인을 알 수 없는 발열이 지속되거나, 그 정도가 심해진다면 정확한 검진이 권장된다.

◇ **심한 피로감[Fatigue]:** 간염 등 일반질환에서도 잘 나타나는 증상이긴 하지만, 극심한 피로감이 나타나고 휴식으로도 잘 회복되지 않는다면, 암을 의심해 볼 수 있는 징후이다. 특히, 대표적 소화기암인 위암, 대장암 등은 혈루(혈액 손실)가 흔하고, 이로 인한 피곤함이 가중된다고 알려진다.

〈특정 암과 관련한 특정 징후〉

일반적 징후와 함께, 특정 암을 암시하는 특유의 사전 징후와 증상에 대해서도 한번 알아보자. 이러한 징후는 크게 ① '점진적 변화'와 ② '반복되는 특이 현상'으로 분류해 볼 수 있겠다.

– 점진적 변화 항목[Gradual Change]

◇ **배변습관의 변화:** 배뇨 시의 통증 또는 방광기능의 변화(평소보다 잦은 소변 등)는 방광암 또는 전립선암과 연관된 징후일 수 있다. 가늘어진 대변이나 배변 후 불편함이 결장암과 연관되는 징후이다.

◇ **피부 변화:** 피부암을 포함한 여러 암에서는 피부의 변화가 관찰되는데, 눈이나 피부의 황달증세(간암, 위암, 췌장암)가 대표적이고, 어둡거나 붉게 변하는 피부가 그 예다.

◇ **점, 사마귀의 변화:** 점, 사마귀 등이 색깔, 크기, 모양이 변화하거나 그 경계가 모호해지는 경우 피부암, 흑색종[36] 등을 의심해 볼수 있다.

– **반복되는 특이 현상 [Extraordinary Phenomenon]**

◇ **출혈:** 통상적이지 않은 출혈(또는 고름)은 초기 또는 진전된 암의 단계에서 발생한다. 피가 섞인 기침은 기관지염 또는 폐암의 징후일 수 있다.

◇ **소화불량 또는 연하곤란:** 소화불량이나 삼키기 힘든 증상의 지속은 식도암, 위암, 폐암, 인두[37]암등의 징후일 수 있다.

◇ **지속된 기침과 쉰 목소리:** 기침이 가시지 않는 경우 폐암의 징후일 수 있다. 쉰 목소리(거친 목소리)는 갑상선암, 후두암 또는 폐암의 징후일 수 있다.

◇ **특이한 대변 색깔:** 회백색의 대변은 간암의 징후로 알려지고, 지방변/회색변/둥둥 뜨는 변은 췌장암, 점액변/혈변/흑색변은 대장암의 대표적 징후로 알려진다.

---

36   다수의 의학 정보에서는, 일반 점과 흑색종의 구분기준을 지름 0.6mm정도로 설명하고 있다.
37   식도와 후두에 붙어 있는 깔때기 모양의 조직 부위

[자료 참조]

1. www.emedicinehealth.com, "Introduction to Cancer Symptoms and Signs"

2. American Cancer Society (https://www.cancer.org) 외 다수

참고로, 아래 박스에 정리한 영국의 유명한 암 연구단체('캔서써치 유케이')에서 찾아낸 일반적 암의 징후에 대해서도 살펴보자. 앞에서 살펴본 미국쪽 의료정보 또는 국내 인터넷 정보에서 확인 가능한 통상적인 암의 징후와 대체로 유사하다는 것을 알 수 있다.

〈참고〉 영국 암 연구단체가 제시하는 암의 일반적 징후

◇ 숨참, 숨 헐떡임	◇ 심한 야간 땀 흘림
◇ 쉰 목소리	◇ 혈담, 피 섞인 기침
◇ 지속적인 기침	◇ 지속적 소화불량, 속쓰림
◇ 지속적인 더부룩함	◇ 삼키기 힘듬(연하곤란)
◇ 잘 낫지 않는 입/혀의 궤양	◇ 배뇨 장애
◇ 배변습관의 변화(변비, 잦은 배변)	◇ 설명되지 않는 질출혈
◇ 혈변, 혈뇨(피오줌)	◇ 설명되지 않는 통증/아픔/쑤심
◇ 잘 낫지 않는 통증/쑤심	◇ 설명되지 않는 체중 감소
◇ 새로운 점 또는 점의 변화	◇ 식욕감퇴, 식욕상실

[자료출처] www.cancerresearchuk.org/about-cancer/cancer-symptoms

지금부터는 자주 발생하거나, 사망률이 높은 몇 개의 주요 암에 대해 조금 더 살펴보자.

갑상선암:
너무 흔한 암?

어느덧 40대 후반을 달리다 보니, 내 주변에는 암환자가 적지 않다. 특히, 갑상선암 진단을 받고 수술을 받은 이들이 유독 많은데, 스무 살 때부터 형제처럼 만나던 소규모 친구 모임에서도 이미 성공적인 변호사로 입지를 구축한 친구 하나가 갑상선암으로 수술받았고, 예전 잠시 근무하던 은행 영업점에서 일하던 선배(당시 45세)와 나의 전임자(당시 46세) 모두 갑상선암으로 진단을 받고 수술을 받은 상태였다. 해당 영업점의 구성원이 총 열 명 남짓이었던 점을 고려한다면, 갑상선암이 우리 주변에 얼마나 흔한 것인지 짐작할 수 있을 것이다.

◆ 갑상선암[Thyroid cancer]이란?

갑상선암은 갑상선호르몬을 만들어내는 내분비기관인 갑상선의 세포에서 발생하는 암이다. 갑상선은 나비모양의 생김새로, 손으로 만져서는 느낄 수 없다고 알려진다. 갑상선은 성대가 위치하는 목젖(Adam's apple)의 바로(약 2~3센티미터) 아래에 위치하고 있으며, 심장박동, 혈압, 체온 등을 조절하는 호르몬을 생산하는 매우 중요한 기관이라고 한다. 이러한 기능을 하는 갑상선에 발생하는 암은, 완치 판정을 받을 확률이 높은 암으로 알려져 있는데, 이는 다른 조직으로의 암세포 전이 위험성이 낮은 것이 주요 요인이라고 한다.

◆ 갑상선암의 위험인자/발생원인

갑상선암은 갑상선 내 세포가 유전적 변화(mutation)를 겪으면서 발생하고, 이러한 변화(변천)는 비정상적 세포를 급격히 자라게 하고, 축적된 비정상적 갑상선 세포는 종양을 만들게 되는 흐름으로 이어진다. 다른 대부분의 암과 마찬가지로, 갑상선암의 발병원인도 명확하게 밝혀지진 않았다. 그럼에도, 아래의 몇 가지는 지금까지 알려진 갑상선암의 주요 위험인자로 알려진다.

- **방사선 노출**: 지금까지 밝혀 낸 가장 큰 위험인자로, '방사선 노출'이 꼽히고 있다. 이것이 유전자 변이를 유발하여 갑상선암의 발병 위험을 키운다고 알려진다. 실제로 체르노빌 등 방사선에 과다 노출된 사람들에게서 이 암의 발병률이 급격하게 증가된 수치로 입증되고 있다고 한다.
- **요오드 결핍**: 요오드는 갑상선과 부신[38]을 활성화시켜서 신체 활력을 주는 중요한 요소로 알려지는데, 우리 몸이 스스로 만들어 내지 못하는 이 성분의 결핍이 갑상선암의 발병률을 높인다고 한다.
- **가족력**: 모든 암의 주요 위험인자인 '가족력'이 여기서도 주목된다. 특히, '수질암'의 경우 다른 유형에 비해 상대적으로 가족력에 기인한 발병이 많이 관찰되고 있는 것으로 알려진다.

....
38 부신: 콩팥(신장) 위에 붙어 있는 호르몬 생성 기관.

- **여성**: 다른 유형의 암에 비해 갑상선암은 특히, 여성이 남성에 비해 더 많이 발병하는 것으로 알려진다. 이러한 이유로, 선택 건강 검진 항목에서 여성들에게 갑상선 초음파 검사가 많이 권장되는 것으로 보인다.

◆ 갑상선암의 종류

다양한 종류의 갑상선암이 존재한다. 전체 갑상선암 중 80% 전후의 비중을 차지하는 것으로 알려진 '갑상선유두암' 외에도, '갑상선여포암', '갑상선수질암', '미분화갑상선암' 등이 존재한다. 다양한 종류가 있으므로, 그 종류에 따라 치료의 방식이 조금씩 달라지는 것이다.

- **유두성 갑상선암[Papillary[39] thyroid cancer]=갑상선 유두암**

갑상선암 중 가장 흔하여, 발병빈도로는 절대적 비중을 차지하는 암의 유형이다. 이 암은 40대의 발병빈도가 가장 높다고 하며, 대부분은 특별한 통증이 없는 목 부위의 혹을 특징으로 한다. 가장 흔하긴 하지만, 상대적으로 암세포의 성장이 느리고 완치율도 매우 높은 것으로 알려진다.

- **여포성[40] 갑상선암=소포 갑상선암[Follicular thyroid cancer]**

갑상선의 소포세포(난포세포)에서 발생하는 암으로서 전체 갑상선암 중 유두암에 비해 두 번째로 높은 빈도로 발병한다고 한다. 주

....
39   Papillary: 젖꼭지(모양)의
40   소포성 = 여포성: 어떤 염증이나 종양이 피부나 점막에 소포를 형성하는 성질.

로 50대에서 많이 발생하며, 혈관을 통해 잘 전이되는 것으로도 알려진다. 다만, 이 유형의 암도 완치율은 높은 편으로 10년 생존율은 약 80% 정도라고 한다.

• 갑상선 수질암=수질암

갑상선 수질암은 40~50대에 많이 발생하며, 발병비중은 낮은 편이지만 상대적으로 가족력에 의한 발병률이 높은 유형으로 알려진다. 암 발병 시 주위 조직에 침범하는 경향이 있어, 다른 갑상선암에 비해 예후가 나쁜 편으로 알려진다.

• 미분화 갑상선암=갑상선 미분화암

갑상선암 중 1% 정도의 적은 빈도만을 차지하나, 암세포의 성장이 유독 빠르고 항암치료도 쉽지 않아, 예후가 가장 나쁜 갑상선암의 유형으로 알려진다.

◆ 갑상선암의 증상

통상의 갑상선암은 다른 거의 모든 암과 마찬가지로 초기에 어떠한 사인이나 징후를 나타내지 않는다. 그럼에도, 암의 진행에 따라 갑상선암을 의심해 볼 수 있는 대표 증상으로는 아래와 같은 것들이 있다.

• 목 부위 덩어리 만져짐
• 목소리 변화, 심화된 쉰 목소리
• 삼키기 힘듦(연하곤란), 숨쉬기 힘듦
• 목과 목구멍의 통증

◆ 갑상선암의 진단 및 수술

갑상선암은 '갑상선초음파검사'로 갑상선 내부에 있는 결절을 확인하는 방식으로 진단이 시작된다. 결절이 발견되면 갑상선세포검사 등을 통해 석회질, 크기 등을 세밀하게 살핌으로써 암인지 아닌지에 대한 최종적인 판정이 진행되는 수순이다. 종종 미세한 크기의 갑상선암 진단 후 수술이 꼭 필요한지에 대한 논란이 있어 온 것 같다. 그럼에도, 갑상선암의 치료는 그 종양의 크기와 상관없이 수술이 기본이라는 것이 정설인 듯하다. 환자의 상태나 암의 종류에 따라 수술 방법은 조금씩 달라지나, 주요 수술치료의 방법으로는 목 앞쪽을 절개해서 시행하는 방식과 내시경 기기를 이용해 처치하는 방식 등이 있다고 한다.

◆ 갑상선암의 예방법, 그리고

갑상선암의 주요 발병원인이 무엇인지 밝혀지지 않았기에 이 병을 예방하기 위한 특별한 방법이 알려져 있지 않다. 따라서, 갑상선암 예방을 위해서는 방사선 등 주요 위험요인에 대한 인식에 더하여 갑상선에 대한 일상적 관심 및 조기 발견을 위한 노력과 함께 평소 건강한 생활습관을 유지하는 기본적 태도의 유지 외에 더 중요한 수칙을 소개할 수 없을 듯하다.

한편, 10년 여 전 이탈리아의 까따니아 대학(Univ of Catania) 연구팀의 연구결과에 따르면 화산 지역 거주민들에게 유두성 갑상선암 발병률이 2배 높아졌다고 한다. 다만, 이 연구결과는 그 이후로 많이 이슈화되지 않은 반면, 미국에서는 원자력 발전소 10마일(16km) 이내에 거주하고 있는 주민들에게, 정부나 주 단위로 갑상선 원인으로 지적되는 방사능 효과를 막을 수 있는 체계적 조치를 받을 수 있다고 한다. 우리나라도 원전 인근에 사는 주민들은 눈여겨볼 만한 내용이다.

간암:
사망률 2위의 암

'폐' 하면 담배가 연상되듯이, '간' 하면 떠오르는 것은 술이다. 즉, 간암의 발병원인 중 술이 차지하는 비중이 매우 큰 것은 진리이다. 그러나 술 한잔 마시지 않는 사람도 간암에 걸린다는 통계를 보면 술이 전부는 아닌 것 같다. 이번 장에서는 사망률 2위의 간암에 대해 조금 더 살펴보고, 그것을 예방할 효과적인 방법이 있는지 알아보자.

◆ 간암[Liver cancer]이란?

간암은 간세포에서 시작하는 암이다. 성인에게 간은 축구공 정도의 크기로서, 몸의 오른쪽에 위치해 있는데 위의 상부(위쪽) 그리고 횡경막의 바로 아래라고 한다. 간암 중, 가장 보편적인 타입인 간세포암종[hepatocellular carcinoma]을 포함하여, 간 부위 세포에서 발생하는 '원발성 간암' 외에도 다른 장기에서 전이된 암으로서 '전이성 간암'으로 구분할 수 있다.

원발성 간암으로는 간세포의 이상으로 발생하는 간세포암과 담관세포의 이상으로 발생하는 담관암(간내의 담관에서 발생)이 대표적이라고 한다. 간에 침범한 모든 암이 사실상의 간암으로 간주되지는 않으며, 암이 폐, 유방 등 인체의 다른 영역(장기)에서 시작되어 간으로 전이되면, 일반적인 간암과 구분지어 '전이성 간암'이라 부르는 것이다. 간은 다른 장기와 혈관이나 임파선으로 연결되어 있어, 암이 쉽게 전이될 수 있는 것이다. 이러한 유형의 암은 그것이 시작된 기관의 이름을 따라 불리게 되는데, 예를 들면, 폐에서 시작되어 간으로 전이된 경우 '전이성 폐암', 이런 식이다. 간에서 발생하는 암보다, 간으로 전이된 형태의 암이 더 일반적이라고 알려진다.

◆ 간암의 증상

다음은 가장 흔하게 발생하는 원발성 간암으로서 간세포암[Hepatocellular carcinoma] 위주로 간암의 징후를 살펴보고자 한다. 역시나 다른 대부분의 암과 마찬가지로, 간암의 초기에는 어떠한 징후나 사인을 감지하지 못한다. 만약, 간암의 진행에 따라 그 사인이나 징후가 드러난다면, 다음과 같은 것들이 대표적이다.

- 특별한 사유 없는 체중 감소
- 극심한 피로감
- 식욕의 감퇴, 상실
- 메스꺼움, 구토
- 복부 팽만감, 복통
- 윗 배의 통증(배의 상부 통증)
- 피부의 노랑 변색과 황달

• 하얗고, 회백색의 대변

◆ 간암의 원인(위험요인)

간암 역시, 다른 암과 같이 그 원인이 명확하게 밝혀지지 않았다. 하지만, 우리나라 간암 환자의 2/3 이상이 B형 간염바이러스에 감염되었다는 통계를 참조한다면, 술보다는 특정 간염 바이러스[hepatitis viruses]의 만성적 감염이 가장 중요한 위험인자인 것은 분명해 보인다. 이를 포함하여 간암의 발병 위험을 확대하는 주요 요인은 다음과 같은 것들이다.

• HBV[hepatitis B virus], HCV[hepatitis C virus] 만성 감염[41]
• 간 경변[Cirrhosis]: 간 조직은 손상시 복원할 수 없기에, 세포조직에 상처가 발생한 간경변(=간경화)은 간암으로 발전할 수 있다.
• 당뇨: 당뇨가 간암을 부르기도 하고, 간암이 당뇨로 이끌기도 한단다.
• 과도한 음주: 음주가 간에 미치는 폐해는 더 말하지 않겠다.
• 남성: 간암은 특히 여성보다 훨씬 높은 발병률을 보이는데 이는 술에 대한 노출이 상대적으로 많기 때문이 아닌가 싶다.

....
41 우리나라 전체 간암환자의 70%는 B형간염 바이러스에 때문에 생기고, 10% 정도는 C형간염 바이러스가 원인이라고 알려진다.

◆ 간암 예방법

- **B형 간염 백신 접종**: 맞아야 할 때 맞아 두어야 한다. 간암의 발병원인 70%를 차지하는 원인을 제거하는, 가장 확실한 예방대책이라고 알려진다.

- **간경변 위험 줄이기**: 간경변은 간암 발생위험을 높인다. 따라서, 적당한 음주 및 건강한 체중 관리를 통해 간경변 위험부터 낮춰야 한다.

- **당뇨 예방**: 당뇨를 예방하는 생활습관은 이 책의 뒤편에 별도 소개된 내용을 참고하라.

- **하체 단련**: 허벅지 등 하체를 단련하면 지방대사율을 올려, 특히 간 건강에 도움이 된다고 한다.

- **C형 간염의 예방**: 예방백신이 존재하지 않으나, 철저한 위생 관리 및 절제된 생활습관을 통해 그 바이러스의 감염위험을 줄일 수는 있다고 한다.

폐암:
담배가 전부는 아닐 수 있는

우리 아버지의 흡연량은 실로 엄청난 수준이었다. 최소 하루에 2갑 이상은 피우셨는데, 거기에 양질의 담배가 아니라, 대한민국에서 가장 싸게 팔리던 담배를 애용하셨다. 아버지의 폐암이 너무도 심한 흡연에서 발생한 것인지, 아니면 아버지와 우리 가족이 가진 유전인자(가족력)가 관여했는지는 잘 모르겠다. 그럼에도 나의 두 형님은 아버지 못지않은 흡연 애호가로서 지금까지도 팔순 어머니에게 엄청난 걱정을 안기고 계시다. 반면, 나는 태어나서 단 한 번도 담배를 피워 본 적이 없다. 그리고 앞으로도, 수많은 중대 질환의 발병원인인 담배를 직접 무는 일은 절대 없을 것 같다.

◆ 폐암(Lung cancer)이란

앞에서도 살펴 보았지만, 통계청에서 공표한 '2017년 주요 사망원인 통계'에 따르면 한국인 사망원인 1위는 '암'이었고, 그중에서도 폐암은 10만 명당 사망률이 35.1명으로 2위인 간암(20.9명)보다는 1.7배, 3위인 대장암(17.1명)보다는 2.1배나 높은 것으로 나타났다. 특히 남성의 폐암 사망률(10만 명당 51.9명)은 간암이나 위암 등에 비해 압도적으로 높은데, 전문가들은 이러한 결과를 대한민국 남성의 높은 흡연율[42]에서 기인하는 것으로 지적하고 있다.

폐는 우리의 가슴 부위에 위치한 2개의 해면질[43] 기관(spongy organs)이다. 이 기관을 통해 숨을 들이쉴 때 산소를 받아들이고, 내쉴 때 이산화탄소를 방출하는 것이다. 폐암은 비 흡연자에게도 발생하지만, 흡연이 폐암의 가장 절대적 요인임은 틀림없는 사실이다. 너무나 당연하지만 담배를 오래 피울수록, 많이 피울수록 폐암의 발병 위험은 커진다. 미국에서도 폐암은 유방암 다음으로 높은 발병률을 보이는 한편, 남성의 암 중에서는 단연 1위의 발병률을 보이고 있다.

〈참고〉 미국의 암 발병 및 사망 통계(2017년 기준)

- 한 해 동안 170만 명이 암 진단을 받았고, 61만명이 암으로 사망했다.
- 대략 38.4%가 일생 중 언젠간 암으로 진단된다(2011~2015년 기준).
- 발병률 기준으로는 유방암, 폐암, 전립선암, 대장암, 흑색종, 방광암 순이다.
- 암의 발병자 수는 10만 명 당 439명이다(2011~2015년 기준).

[자료출처] National Cancer Institute (https://www.cancer.gov)

◆ 폐암의 종류

폐암은 폐암세포의 양상('크기'와 '형태')에 따라 아래와 같이 크게 두 가지 유형으로 구분된다고 한다. 양상이 상당히 다른 만큼, 의료적

....
42   최근 발표된 자료('2017 국민건강 영양조사')에 따르면 우리나라의 19세 이상 성인 흡연율은 22.3%(남성흡연율은 38.1%, 여성흡연율은 6%)로 조사된다. 성인 남자 흡연율 기준, OECD 국가 중 최상위 수준이라고 알려진다.
43   연한 스폰지 같은, 구멍이 있는 조직.

처치방향도 달라지게 된다.

　· **안 작은 세포 폐암**[비소세포 폐암, Non-small cell lung cancer]

　폐암 가운데 80% 이상을 차지하는 것으로 알려지며, 비슷한 양상으로 생기는 폐암 유형을 아우르는 넓은 개념이다. 비늘 모양의 편평세포암종, 폐선암, 대세포암 등을 포괄하는 개념이다.

　· **작은 세포 폐암**[소세포 폐암, Small cell lung cancer]

　보건복지부 자료 등에 따르면 전체 폐암 발생건의 10%를 조금 넘는 것으로 알려진다. 이 유형의 암은 악성 흡연자에게 많이 나타난다고 한다.

◆ 폐암의 증상

　폐암은 다른 대부분의 암이 그렇듯이 초기 단계에서는 통상의 식욕감퇴나, 체중감소 외에 특유의 징후를 잘 나타내지 않는 것으로 알려진다. 즉, 주요 징후는 폐암이 어느 정도 진전되었을 때만 나타나게 되는데, 감기 등 일반 호흡기 질환의 증상과 닮았다고도 알려진다. 폐암의 통상적 징후로는 다음과 같은 증상들이 있다고 알려진다.

　· 지속되는 **기침, 쉰 목소리**

　· **피 섞인 가래**

　· **숨찬 증상**: 숨가쁨, 빠른 호흡, 호흡 곤란

　· **가슴 부위의 통증**

- 두통, 어깨나 팔 통증: 암이 심장 주위 대혈관 압박 시 혈액순환 장애가 발생
- 특별한 이유 없는 **체중 감소**
- 음식을 삼키기 어려움: 암 조직의 식도 압박에 의해 야기됨

위에도 언급했지만, 폐암은 몸의 다른 부위(뼈, 뇌 등)로 번진다. 암이 번지면서 통증을 느끼기 시작하는데, 그것이 영향을 받는 장기 부위에 따른 다양한 증상으로 나타난단다. 내 아버지의 경우에도 그러셨지만 폐암이 다른 장기로 전이된 경우, 일반적으로는 수술 등을 통한 치유는 어렵다고 한다. 이때는 통증을 줄이는 처치와 함께 수명 연장을 위한 조치만이 가능하다는 것이다.

◆ 폐암의 원인

전문가들은 흡연이 폐를 구성하는 세포를 파괴함으로써 폐암을 유발한다고 한다. 담배연기에는 이미 암을 유발하는 인자들로 가득 차 있어 흡입 시 폐 조직에서의 빠른 변화를 유발하게 되는데, 노출이 반복되는 경우 폐를 둘러싼 정상세포가 점점 손상되어 결국에는 암으로 발전한다는 것이다. 이렇듯 폐암과 흡연의 강력한 연관성으로 인해, 폐암이 흡연자나 오랫동안 간접흡연에 노출된 자에게 자주 발생하는 것은 분명한 진리이다. 문제는, 흡연을 아예 한 적이 없거나 간접흡연에 노출된 적이 없는 사람도 폐암이 발병한다는 불편한 사실이다. 이러한 점에서, 아직도 폐암의 특정하고도 명확한 원인을 찾

기 어렵다는 것이다.

그럼에도, 그동안 국내외의 의료 전문가들은 폐암의 위험요인을
찾아 왔고, 다음과 같은 일반적 위험요인을 찾아내었다.

- **흡연**: 소스에 따라 다르지만, **폐암의 원인에서 80% 이상의 절대**
적 비중을 차지한다고 한다.
- **간접흡연 노출**: 당연히 발병위험을 키운다. 불편하지만, 진리이다.
- **라돈(가스)에의 노출**: 라돈은 일반 자연(토양 등)은 물론, 보통의
건물이나 가정 내에도 축적될 수 있다고 한다.
- 일터의 **석면**(asbestos)과 **다른 발암인자**(비소, 크롬, 니켈)에의
노출
- **폐암 가족력**: 부모, 형제자매가 폐암인 경우 발병 위험이 커진다.
- **미세먼지**[44], **공기오염**: 점점 나빠지는 공기의 질이 폐암의 주요
원인으로 주목받는 흐름이고, 여성이 더 취약한 것으로 알려진다.

---

44 '크리스토퍼 놀란' 감독이 만든 명작영화 「인터스텔라」에서, 지구는 전세계적인
공포에 맞닥뜨려 우주에서 구원의 답을 찾으려 시도하는데, 그 공포의 실체는 엄청난
'(미세)먼지'로 표현된 바 있다.

〈참고〉 폐암환자와 대기질의 관계 외

▶ 공기오염&폐암발병률
캐나다 토론토에서 최근(2018.9월) 열린 세계폐암학회에서 레널 마이어스 (Renell Myers, 캐나다 브리티시 컬럼비아 대학 소속) 교수는 대기오염으로 인해 폐암에 걸릴 위험이 남성보다 여성이 더 크다는 연구결과를 발표하며, 이는 여성의 폐가 남성보다 상대적으로 작고 발암물질에 더 취약한 점 등이 영향을 준 것으로 분석하고 있다. 레널 박사는 전 세계 폐암 사망자의 23%가 실내·외 공기오염으로 인한 폐암인 것으로 추정하고 있다는 관련 분야 전문가들의 의견을 소개하기도 했다.

▶ 미세먼지의 위험
(폐암의 원인으로 점점 주목받는 미세먼지와 관련하여), 코를 통해 들이마신 미세먼지는 일주일 이상 몸에 머무는 것으로 알려져, 입을 통해 들이마시는 것보다 훨씬 위험하다는 연구결과가 있다. (자료참고: 2018.11.28. 원자력 연구원)

◆ 폐암 예방법

모든 암이 그렇지만, 폐암을 막을 확실한 방법은 없을 것이다. 예를 들어, 담배를 피우지 않거나, 간접흡연에의 노출을 완전히 차단한다 하여 그것을 완전히 예방할 수 있는 것이 아니다. 그럼에도, 그 발병 위험을 줄이고자 한다면, 지금까지 밝혀진 아래 폐암의 주요 위험요인을 통제하는 것이 가장 현명한 예방법이 될 것이다.

- **금연**: 흡연자가 비흡연자에 비해 폐암 확률이 20배나 높다고 한다.
- **간접흡연 피하기**: 간접흡연만으로도 위험이 20% 이상 올라간단다.
- **정기적이고 꾸준한 운동**: 식사 후 걷는 습관부터 시작하자.

- **라돈수치에 대한 관심**: 집안에서도 라돈수치를 낮춰야 한단다. 2018년 엄청난 논란을 불러온 것처럼, 침대 매트리스에서도 이것이 검출될 수 있다.

- **석면 등 발암인자 노출 최소화**: 예방마스크! 불편해도 착용하는 것이 좋다.

- **채소와 과일을 포함한 식단**: 비타민과 영양소를 함유한 음식이 좋다.

- **'미세먼지용 마스크' 착용**: 이제는, 늘상 준비하여 적극적으로 착용하자.

〈참고〉 미세먼지용 방진마스크의 종류

황사용 및 미세먼지용 마스크는 그 방진(입자의 차단)의 효과에 따라 급수가 구분되는데, 식품의약품안전처 인증 기준 **KF[45]80, KF94, KF99 등**이 그것이다. 각각 먼지입자 등의 차단성능을 의미하며, 수치가 클수록 방진효과가 큰 반면, 호흡이 불편해지는 단점이 있으니 감안해서 선택해야 한다.

미국의 경우 폐암의 주요 인자인 라돈과 관련하여 지역 대중 건강센터나 전미 폐 협회의 지사에서 일반적인 상담이나 지원 등 라돈과 관련된 인식이 훨씬 발달된 듯 보인다. 라돈의 정확한 영향도는 국내에서도 조금 심화된 연구를 통해 밝혀내야 하겠지만, 라돈이 폐암에 미치는 영향이 유의한 수준이라면, 우리나라도 정부차원에서 조금

....
45 KF: Korea Filter의 약자로, 대한민국에서 인정되는 필터 성능을 의미한다.

더 쉬운 라돈측정을 지원하거나, 그에 대한 인식 제고 캠페인 등이
필요하지 않을까 싶다.

위암: 매우 높은 발병률_발병률 1위

드라마 「동의보감」에서, 주인공 허준은 유의태[46]라는 희대의 스승을 만나, 최고의 명의가 된다. 드라마 속의 유의태는 드라마틱한 삶을 살다 가는데, '반위(=위암)'로 인해 사망하게 되고, 죽기 직전 친자식보다 더 아끼는 제자인 허준에게 자신의 몸의 해부를 맡겨 암의 존재와 그의 치유에 대한 경험을 제공하게 된다. 최고의 명의도 피할 수 없는 암, 바로 '위암'에 대한 이야기이다.

스물일곱에 직장생활을 시작할 때, 알게 된 입사동기이자 지금까지도 친하게 지내고 있는 친구가 있다. 벌써 10년이 훨씬 지난 일이지만, 그 친구는 삼십대 후반에 위암 진단을 받고 위 절제 수술 후 지금까지 잘 견뎌내고 있다. 식단이나 음주의 조절에 더하여 암환자로서 정신적 쇠약으로도 고통받는 것을 알게 되었지만, 그 친구로 인해나는 위암이 젊은이에게도 올 수 있는 흔한 질병이기도 하지만, 먹는 것과 관련된 병이기에 발병 이후 사람을 얼마나 힘들게 하는 질병인지도 절감하게 되었다. 중앙암등록본부 통계에 따르면 2015년에는 위암이 남녀를 합쳐서 암 발생 1위를 차지했다고 한다[47]. 진단 및 치료

....
46   사실, 동의보감에 등장하는 유의태는 실존하지 않는 인물이라고 한다.
47   위암은 높은 발병률에도 불구하고, 사망률을 기준으로 할 때, 폐암, 간암, 대장암에 이어 4위로 조사된다(2017년 기준 통계청 자료 기준).

기술의 발달로 사망률이 낮아지고 있지만 여전히 높은 순위를 기록하고 있다.

'위(stomach)'는 음식물의 소화에 관여하는 핵심기관으로서, 식도를 통해 내려온 음식물이 장으로 이동하기 전에 머무르는 '정거장'으로서, 위액 분비를 통해 음식물을 분해하여 장에서 영양분이 쉽게 흡수되도록 작동한다. 위는 음식물과 함께 유입된 각종 세균이나 유해물질과 직접 접촉하기 때문에 발암물질에 노출 시 직접 영향을 받아 위암 발생 요인이 당연히 증가한다는 설명이 그럴 듯하다.

위암의 종류는 생각보다 다양한데, 위의 내부를 구성하는 위점막세포(점액생성세포, mucus-producing cells)에서 발생하는 선암(샘암)이 위암의 대부분을 차지하지만, 림프조직에서 발생하는 림프종, 위의 신경·근육 조직에서 발생하는 간질성 종양도 위암에 포함된다고 한다. 미국의 자료를 참조하자면, 최근엔 위암 발병 자체는 감소하는 추세이지만, 위의 윗부분에서 발생하는 암은 상대적으로 증가하고 있다고 한다.

◆ 위암의 증상
위암 역시, 초기에는 증상이 거의 없기 때문에 정기적인 내시경 검사 등을 통해 우연히 발견되는 경우가 많다고 한다. 궤양을 동반한 위암은 초기에 속쓰림 증상이 있을 수 있고, 암이 진행되면 복부 위쪽의 불쾌감, 더부룩함, 소화불량, 식욕부진, 체중감소, 빈혈 등의 증상이 나타난다. 조금 심해진 상태에서는 위 부위의 통증, 구토, 혈변이 나타기도 하며, 음식을 삼키기 힘든 증상이 나타날 수 있다.

암의 진행단계별로 흔한 증상을 조금 더 살펴보자.

〈초기 위암의 증상〉

- 소화불량&식사 후 더부룩함
- 속쓰림, 가벼운 메스꺼움
- 식욕 상실

다만, 소화가 안 된다거나 속쓰림 증상은 위염, 위궤양 등 위장질환의 일반적 증상이므로, 이 증상만으로 암을 쉽게 추정해서는 안 되고, 이러한 증상이 자주 지속되는 경우 위내시경을 통한 빠른 확인이 필요한 것이다. 방치되어 생긴 종양이 자랄수록, 아래와 같이 조금 더 심화된 증상을 경험할 것이다.

〈진행된 위암의 증상〉

- 위의 통증
- 강하고 지속적인 속쓰림
- 원인을 알 수 없는 체중감소

- 구토, 삼키기 곤란함(=연하곤란)
- 눈이나 피부의 황달(노래지는) 증상
- 혈변, 변비 or 설사

◆ 위암의 발병 원인/위험 요인

이 흔한 종류의 암과 관련하여, 암세포가 생성되는 요인이 무엇인지 아직까지는 정확히 밝혀내지 못하였다고 한다. 그럼에도 궤양을 유발하는 '헬리코박터파일로리균'에의 감염과 같이 위암의 요인으로 알려진 경우도 있다. 헬리코박터균은 우리나라 사람의 절반 이상이 감염돼 있을 만큼 흔하다고 하는데, 세계보건기구(WHO)에서는 이 균이 위암발생률을 크게 높이기 때문에 발암물질로 분류해 오고 있다.

더불어, 우리민족의 전형적 식습관이 위암 발병에 영향을 미치는 것으로 추정되고 있다. 우리가 즐기고 있는 **짠 음식, 매운 음식, 뜨거운 음식** 등은 위 점막을 상대적으로 자극하는 음식으로 알려진다. 특히, 우리는 1인당 염분섭취량이 세계 최상위 수준을 나타내고 있어, 위암 등 나트륨 과다로 인한 질병의 위험을 키우게 된다. 참고로, 국가암정보센터의 자료 등에 따르면 짠 음식을 많이 섭취한 사람은 적게 섭취한 사람보다 위암발병률이 무려 4배 이상 높아지는 것으로 나타났다고 한다. 싱겁게 먹어야 한다.

<참고> '**나트륨 섭취**'와 질병 위험

나트륨을 과다 섭취할 경우 발병위험이 높아지는 질병 군에는, 위암 외에도 고혈압, 뇌졸중, 심근경색, 당뇨 등 여러 다양하고 치명적 질병이 포함된다. 문제는, 세계보건기구의 일일 나트륨 권장량(2,000mg, 소금 5g 정도)에 비해, 우리나라 성인의 평균은 그 권장량의 세배를 상회한다는 것이다.

<**위암의 위험 요인**>

위암 발생 위험을 증대시키는 요인들은 다음과 같은 것들이다.

- 헬리코박터 파일로리균(helicobacter pylori균[48])에의 감염
- 짜고, 절인 음식, 매운 음식, 훈제 음식의 다량 섭취
- 과일, 채소의 섭취 외면
- 위암 가족력
- 만성 위염
- 흡연, 비만

외국자료에서는 위암 발병위험을 키우는 위험인자로는 다음과 같은 것도 소개하고 있다. 혈액형이나, 특정 산업의 환경적 요인은 조금 생소해 보이나, 한번 눈여겨 볼 만하다.

- A형 혈액형
- 특정 작업 환경(석탄, 금속, 벌목, 고무 산업)

....
48   위점막에 기생하는 세균의 일종.

・석면 노출

위에 살펴보았듯이, 위암의 위험요인은 매우 다양하다. 여기에 기술된 원인 외에도, '스트레스'도 위암의 위험을 늘리는 것으로 알려진다. 스트레스를 받으면 소화가 안 되고, 이것이 위에 부담을 주는 것으로 생각해 보면 이해가 된다. 위 건강을 위해서는 스트레스를 받지 않아야 한다. 긍정적으로 생각하는 습관적 노력이 필요한 이유다.

◆ 위암의 예방법: 현명한 식습관과 꾸준한 운동

반복된 얘기지만, 위암의 발병원인은 명확하게 밝혀지지 않았기에 그것을 막을 수 있는 확실한 방도는 존재하지 않는다. 다만, 위는 식생활과 가장 밀접하게 연동된 기관이기에 위의 건강을 위해서는 식생활 개선과 함께 생활습관의 변화를 통해 그 발병위험을 줄일 수는 있다. 또 하나 중요한 점은 부모의 잘못된 식습관은 자녀들도 영향받기 때문에 온 가족의 발병위험을 낮추려면 가족 전체의 식습관을 바꿔야 한다는 것이다. 아래의 건강한 습관의 실천을 통해 위암의 위험을 최대한 낮춰 보자.

・규칙적이고 꾸준한 운동, 적정체중 유지
・채소와 과일의 더 많은 섭취(매일&색깔 있는 과일과 채소)
・짠 음식, 탄 음식, 매운 음식, 절인 음식, 훈제음식 줄이기
・어렵더라도 금연하라

• 정기적인 내시경 검사 및 조기발견을 위한 노력

위암은 특히 '2차 예방'이 중요하다고 알려진다. 즉, 암을 조기에 발견하고 치료하는 것이 무엇보다 중요하다는 것이다. 위암의 초기 증상은 미약하고 그 증상의 양상도 다양하나, 자가진단이 가능한 항목이 다양하고 많은 점을 활용하여, 빠르게 캐치하여 빠르게 진단받아야 한다. 위암은 초기에 발견하면 생존율[49]이 높은 암이지만, 제때 발견 및 치유하지 못하면 걷잡을 수 없는 전이의 단계를 막지 못하여 치명적 상황으로 이어질 수도 있기 때문이다.

....
49   위암을 조기에 발견하면 5년 생존율이 약 90%에 이른다고 한다.

대장암:
생활습관 개선과 개인적 노력으로 줄일 수 있는

대장암 환자 중 40대 이하의 비중이 전체 환자의 15% 수준에 이른 다고 한다(건강보험심사평가원 자료). 특히, 젊은 층의 발병률 증가 에는 가족력 등 유전적 요인으로 설명되지 않는, 식생활 변화 등의 식습관 등 사회·문화적 요인이 개입하고 있는 것으로 알려진다. 치명 적인 질병이기도 하지만, 거기에 더하여 배변 기관에서 오는 장애가 초래하는 여러 불편함을 수반하여 환자와 가족을 여러모로 힘들게 하는 대표적인 암이라는 생각이다. 즉, 수술이나 처치 후에도 배변 시 의 고통과 번잡함을 수반하게 됨에 따라, 이러한 의미에서, 남녀를 통 틀어 가장 불편하고 또 민망함을 내재한 질병이 아닐까 싶다.

◆ 대장암(Large Intestine Cancer)이란?

대장은 크게 결장(상행결장, 하행결장), 직장으로 이루어지는데 이 부위에서 발생한 악성종양을 통틀어 대장암이라고 한다. 서구형 식 생활 등의 영향으로 대한민국 국민의 대장암 발생률은 보통의 암 발 생률과 비교하여 크게 증가하고 있는 추세로서, 발병 빈도는 남성이 여성보다 많은 것으로 알려진다. 50~60대에 많이 발병하지만, 앞에 서 살펴본 대로 40대 이하의 발병 비중도 결코 무시할 수 없는 수준 이다. 즉, 나이에 상관없이 누구도 안심할 수 없는 질병인 것이다.

◆ 대장암의 증상

대장의 내벽이 워낙 넓기에, 대장암은 종양이 발생한 부위에 따라서 증상이 조금씩 달라진다고 한다. ① 오른쪽 대장(상행결장, 본인의 시각에서 오른쪽)에 종양이 생기면 소화불량, 빈혈이 상대적으로 많이 나타나게 되고, ② 왼쪽 대장(하행결장)에 암이 발생하면 대변 굵기가 감소하거나, 점액변이나 혈변 등 변의 양상에 영향을 주기 시작한다. ③ 마지막으로, 대장의 끝인 직장에서 종양이 발생할 경우 혈변이나 배변 시 통증, 그리고 잔변감이 대표적 증상이라고 하니, 두루 참고해 두면 좋겠다. 그러나, 여러 가지 증세가 뚜렷하게 구분되는 것이 아니기에 증상만 가지고 암의 부위를 일반인이 진단하고 구분하는 것은 무리로 보인다.

〈참고〉 대장_종양의 발생 부위와 대표증상

상행결장 [우측대장] (소화불량, 설사,빈혈, 복통)	↑ 결장 ↑	→ 결장 →		하행결장 [좌측대장] (가는 변, 변 비, 혈변/점 액변)
			↓ 결장 ↓	
		←		
	직장 (잔변감,혈변)	↓ 직장		

대장암과 관련하여 또 흔한 증상은 변비와 설사가 번갈아 나타나기도 하는 불규칙한 배변 증상이 있고, 대장암이 많이 진행되었을 경

우, 구토 증상을 보이거나, 암의 전이로 생긴 다른 장기에서의 종괴가 먼저 발견되어, 진보된 검진 등 추적을 통해 대장암으로 판정되는 경우도 있다고 한다.

〈대장암의 대표 증상〉

- 빈혈, 소화불량, 구토
- **장 폐색 증상:** 가늘어진 변, 분변, 복통
- **점액변, 혈변, 흑색변**
- **배변 시 통증, 잔변감**
- **불규칙한 배변:** 변비와 설사가 번갈아 나타나는 증상
- 대장암의 전이로 생긴 **폐나 간의 종괴**

◆ 대장암의 주요 원인: 환경인자 vs 유전적 요인

대장암의 원인으로는 서구형(육류 위주) 식습관 또는 염증성 대장 질환 병력 등이 먼저 언급되지만, 고령(60세 이상) 또는 큰 신장[50]이 위험인자로도 알려진다. 즉, 대장암 가족력, 나이, 신장 등 통제할 수 없는 인자 외에도 식습관이나, 운동부족 등 환경인자의 영향도 무시할 수 없는 질병인 것이다. 따라서, 대장암은 개인별 노력에 의해, 병의 발생 및 진전을 막을 여지가 크다는 것이므로, 건강한 식습관을 유지하고 규칙적 운동 및 절제된 음주 등을 수행하는 등 환경적 요인

....
50   미국남성 기준, 약 173센티(5 feet 8 inches) 이상인 경우 대장암 위험이 더 높아진다는 의학적 주장이 존재한다(출처: siteman cancer center).

을 바꾸려는 적극적 자세가 필요한 것이다.

◆ 대장암 줄이는 생활습관

다음은 전문가들이 강조해 온 대장 건강에 도움이 되는 생활습관이다. 두루 알아 두고 생활화하여 대장암의 발병 위험을 낮춰보자.

- **기상 후 물 한 잔**: 결장에 쌓여 있던 독성물질을 줄일 수 있다고 한다.
- **채소와 과일 섭취**: 배변에 도움이 되는 섬유질! 당연한 것이다. 색이 진한 채소와 과일에 암을 막아주는 항산화 물질이 더 풍부하다고 알려진다.
- **칼슘, 엽산[51] 섭취**: 충분한 섭취가 대장암 위험을 줄인다고 한다.
- **햇볕 쬐기**: 대장 건강에 비타민D의 섭취가 좋다고 한다. 다행스럽게, 햇볕 쬐기를 통해 비타민D가 생성된다고 한다.
- **적색육, 가공육 절제**: 적색육(소, 돼지)은 소화과정에서 발암물질(니트로소화합물)을 생성한다고 하고, 가공육도 대장건강에 안 좋은 것으로 알려진다.
- **운동&건강체중 유지**: 운동은 장의 움직임을 촉진하고, 면역체계를 강화한다고 하고, 규칙적인 운동을 통해 대장암 위험을 30%까지 낮출 수 있다고 알려진다.

....
51 엽산(folic acid): 비타민의 하나로서 세포나 적혈구의 생성 등에 필요한 영양소.

췌장암: 당뇨의 이웃

　　모든 암이 그렇지만, 췌장암은 매우 고약한 암 중의 하나다. 세상에서 가장 선도적 기업 운영자로 인정되어 온 사람 중 하나인 스티브 잡스가 48세의 나이에 진단받은 질환이다. 당뇨나 비만 인구가 크게 증가하는 흐름처럼 췌장암도 증가하는 추세임에도, 복잡한 진단 절차 등의 문제로 적절한 치료의 타이밍을 놓치기 쉬워, 다른 암에 비해 생존율은 여전히 낮은 수준[52]에 머물고 있다.

　　췌장암의 진단이 어려운 이유는 혈액검사를 통해 진단하기 어려운 점도 있지만, 췌장이라는 장기가 주변 장기에 둘러싸여 있어 조기 진단이 매우 어려운 구조적인 문제[53]가 있기 때문이란다. 인슐린 등 효소를 분비하는 췌장은 15센티미터 정도의 가느다란 모양의 장기로서, '위'의 뒤편에 위치해 있다고 한다. 두부(머리), 체부(몸통), 미부(꼬리)로 구분되고, 두부는 담관과 연결되어 있고 미부는 비장과 연결되어 있다. 진단이 유독 어렵기 때문에 치료가 효과적으로 이루어지기 어려운 운명을 가진다. 이러한 이유로 췌장암은 생존율이 낮은, 가장 고약한 암 중의 하나로 알려지고 있다.

....
52　일본 국립암센터가 발표한 암환자 3년 생존율을 살펴보면, 일본인 암환자의 평균 3년 생존율은 71.3% 수준이나, 췌장암 환자는 가장 낮은 15.1% 수준으로 나타났다.
53　조기 발견율은 10%를 넘지 않는 것으로 알려진다.

◆ 췌장암 증상: 당뇨와의 연관성, 황달

췌장암은 다른 암과 마찬가지로 초기에는 특별한 증상이 없고, 일반적 증상으로 알려진 복통, 황달 증상도 암이 어느 정도 진행된 경우에 나타나는 것이다. 주목할 점은, 췌장암 환자의 경우 당뇨병 발병 위험이 일반인에 비해 5배 가까이 높다(2018년, 국립암센터-삼성서울병원 자료)는 것이다. 따라서, 당뇨를 진단받은 분은 여러 암 중에서도, 췌장암에 대한 관심을 늘려야 한다. 췌장암과 당뇨의 연관성이 큰 이유는 어찌보면 쉽다. 즉, 인슐린 분비에 문제가 생겨 당뇨가 발병하는데, 이러한 인슐린 분비를 담당하는 기관이 바로 췌장이기 때문이다.

그 외 췌장암과 관련하여 흔히 나타나는 증상은 다음과 같다.

- **복통, 누웠을 때 통증&등통**: 식후 복통, 췌장의 바로 뒤에 척추가 있기에 똑바로 누웠을 때 종양이 척추에 눌려 통증이 발생하고, 등 부위의 통증까지 유발 가능.
- **황달**: 췌장 상부에 종양이 발생하면, 쓸개즙을 운반하는 담도가 눌리면서 담즙 분비에 장애가 생겨 황달 발생
- **체중 감소, 식욕 저하, 메스꺼움, 피로, 힘빠짐**
- **대변의 변화**: 지방변(기름기 많은 변), 회색변, 물에 둥둥 뜨는 변
- **소변의 색깔 변화**: 갈색 혹은 붉은 색 소변
- **당뇨 발병 또는 기존 당뇨병의 악화**

◆ 췌장암 피하는 방법: 체중 관리, 금연, 미세먼지 피하기

무엇보다, 비만은 발병위험을 높이고 당뇨의 위험을 높여 췌장암의 위험을 가중시킨다. 당뇨와 췌장암의 높은 연관성을 고려한다면, 당뇨를 관리하면 췌장암의 위험도 낮아지는 것이다. 그 외에, 알려진 췌장암의 위험인자를 감안한다면 다음과 같은 수칙의 이행을 통해 발병위험을 낮출 수 있다.

- **규칙적 운동**: 췌장암은 특히, 신체활동이 많은 직업군의 경우 발병률이 낮다고 알려진다.
- **지방 줄이고, 과일/채소 섭취 늘리기**: 지방함량을 줄이는 식단, 육류 대신 과일/채소 섭취 식단
- **금연&중연**: 특히, 당뇨나 대사질환 보유자는 무조건!
- **화학물질 노출 줄이기**: 휘발유, 벤젠, 프롬알데하이드 등 화학물질의 흡입이 위험요인이라고 알려지기 때문이다.
- **'미세먼지' 노출 줄이기**: 미세먼지는 췌장암과 후두암 등의 위험인자로 알려진다. 전용 마스크 착용 및 자주 물 마시는 습관이 필요하다.

앞에서 살펴본 대로, 췌장암은 초기에 증상이 나타나지 않는 반면, 예후가 매우 나쁜 암이기에, 치료의 관건은 최대한 빨리 암을 찾아내는 것이라 할 수 있다. 따라서, 췌장암 관련 증상이 있는 경우에는, 건강 검진시 복부 CT항목을 선택하거나 추가하는 것을 고려해 보기 바란다.

〈참고〉 췌장암의 진단 절차

◇ [1단계] 종양 크기, 위치 파악: 복부 CT, 복부 초음파, 복부 MRI
◇ [2단계] 조직검사: 긴 바늘을 피부에 삽입하여 조직을 떼내 검사하거나, 내시경 검사를 통해 시행

[자료 참고]
1. 메요클리닉(https://www.mayoclinic.org)
   - Symptoms and causes : Thyroid cancer, Liver cancer, Lung cancer, Stomach cancer, Colon polyps
2. 싸이트맨캔서센터(https://siteman.wustl.edu/prevention/take-proactive-control/8-ways-to-prevent-colon-cancer)
3. 이메디신헬쓰(https://www.emedici-nehealth.com/cancer_symptoms_Introduction to Cancer Symptoms and Signs
4. 메디칼트리뷴(http://www.medical-tribune.co.kr)
5. 국내 다수 병원, 의원의 인터넷 홈페이지 내 각종 암 정보
6. 인터넷 포털 내 지식검색, 블로그, 신문 기사 등

암 정복:
많이 알수록 좋다!

앞에서 살펴 본 대표적인 암보다는 덜 흔하지만, 몇 가지 주요 암의 증상과 발병원인을 중심으로 간단하게 정리해 본다.

명칭	정의	증상	원인
식도암	• 식도 점막 또는 위식도 연결부위에 발생 ※ 세포의 형태에 따라 '편평 세포암'과 '선암(샘암)'으로 구분	• **연하곤란** • **식도 따가움** • **흉통**	• 식도질환(식도염, 바렛 식도 등) 보유자 위험군 • 흡연, 음주 • 자극적 음식 등의 반복 자극
백혈병	• 혈액암 중 하나 ※ 혈액암 종류: 백혈병, 악성림프종, 다발성골수종 등 ※ 백혈병 종류: '급성림프구성백혈병', '급성골수성백혈병', '만성골수성백혈병', '만성림프구성백혈병'	[급성 백혈병] • **피로, 두통, 관절통** • **편도선염** • 발열, **빈혈, 출혈** [만성 골수성 백혈병] • 무력감, **식욕부진** • **빈혈, 출혈** • **체중 감소**	• 발병원인은 뚜렷하지 않음 • 방사선 노출: 항공 승무원의 경우 우주 방사선의 잦은 노출로 인해 혈액암 가능성이 높아진다는 설 존재 • 유전적 요인
후두암	• 후두에 생기는 암	• 초기 증상: **쉰 목소리** • 진행 시: **호흡 곤란, 연하곤란**	• **흡연**(타르 성분) • **미세먼지**(최근 부각)

구강암	• 잇몸, 입천장 등 구강 내에 발생하는 악성 종양	• 낫지 않는 **구내 궤양** • 구강 내 **혹, 멍울** • 귀밑이나 목 위 혹 촉지 • 안면 마비	• 음주와 흡연 • 잘 안 맞는 보철물의 오랜 자극 • 영양 결핍
설암	• 혀(주로 혀의 양측 부위)에 주로 발생 하는 암	• **혀의 멍울이나 궤양** • 혀에 **출혈** • 갑자기 심해진 **구취**	• 불완전 의치의 자극 • 혀 궤양 • 흡연
담관암 (담도암)	• 담관의 안쪽을 둘러 싸고 있는 세포에 발생한 암	• (질병 초기) 황달 • 복통, 피부 가려움증 • 회백색의 변, 장폐색 • 체중감소, 소화불량	• 담석 • 궤양성대장염 등
전립선암	• 남성의 방광 아래쪽 에 위치한 전립선에 발생하는 암	• 약해진 소변줄기 • 야뇨증(밤에 자주 깸)	• 고령화 • 식생활 서구화 • 남성호르몬 과잉
난소암	• 자궁 양쪽에 있는 타 원형 모양의 장기인 난소에 생기는 암	• 월경 불순, 비정상 출혈 • 하복부 통증, 복부 팽만 • 체중감소, 구역질	• 가족력 • 자궁내막암 환자 등
유방암	• 유방에 발생하는 선암 * 남성도 발병가능 (여성 10명당 1명꼴)	• 통증 없는 **울퉁불퉁 혹 만져짐** • **유두 분비물** • 유두 주위 습진 • 겨드랑이 임파선	• 지방질 또는 육류 등 섭취 증가 • 고령 첫출산 여성 • 가족력
자궁 경부암 (여성 1위 빈도)	• 자궁경부(자궁의 목 부분)에 생기는 암	• 초기: **출혈**, 대하 증가 • 진행시 증상: 대량 출 혈, 분비물 • **전이 시 증상:** 복통, 다리 통증 배 뇨곤란·혈뇨 등	• 바이러스 감염[인유두 종 바이러스(HPV) 등] • 성병 경력자 • 흡연

III-4
또 다른 중대질병

　통념상 덜 치명적인 질병으로 보이기는 하지만, 한편으로는 암보다 더 무서울 수 있는 질병인 **치매**와 **당뇨**에 대해서도 한번 살펴보기로 한다. 그리고 조금 덜 알려진 공포의 질병, **천식**에 대해서도 가볍게 알아보고자 한자.

치매:
당신에게 올지도 모를······ 아무도 모를

40대 후반의 가장으로서, 은퇴시기가 가까워질수록, 부양 및 책임감에 대한 부담이 커지기 마련이다. 가끔, 노년기에 도래할 수 있는 다양한 극한 상황을 상상하곤 하는데, 내게 가장 몸서리치는 상상은 70세 즈음[54]에 치매가 와서, 나의 행동을 통제하지 못하게 되고, 아내와 자녀에게 부담을 주는 상황이 생기는 것이다.

치매에 수반되는 많은 치료비와 간병비에 대한 부담도 그렇지만, 나로 인해 겪을 가족의 부담과 책임. 이렇듯 비참한 노후의 모습에 대한 상상은, '치매'에 대한 이른 관심과 이를 빗겨갈 수 있는 삶의 노하우를 찾는 노력의 충분한 동기부여가 될 것이다.

◆ 치매[Dementia]란 어떤 질병인가?

치매와 관련한 첫 번째 오해는, 이것이 하나의 특정 질환을 지칭하는 것으로 많은 사람들이 잘못 알고 있는 것이다. 즉, 치매란 기억력, 언어 사용능력, 판단력, 계산능력 등 여러 영역에 걸친 인지기능 장애

·····················
54   여러 자료를 참조할 때, 70대 중.후반부터 치매환자가 급격히 증가하는 것으로 나온다. 따라서, 방심해서는 안 되고, 몸을 통제할 수 있을 때 그 예방을 위한 수칙의 이행이 중요하다.

와 급격한 성격이나 감정의 변화 등 정신적 사고기능 저하 등 복합적 증상으로 인해, '일상생활을 정상적으로 수행할 수 없는 상태'를 포괄하는, '증후군'에 가까운 개념이다. 이러한 흐름에서 노인성 치매로서의 알츠하이머와 뇌졸중 등에 의해 나타나는 혈관성 치매가 하나의 넓은 개념에 엮이는 것으로 보인다.

양질의 영양소 공급 및 의학기술의 발달 등에 힘입은 인류 수명의 급격한 연장과 맞물려 치매인구가 증가함에 따라, 치매에 대한 세계적 관심은 계속 증가하고 있다. 우리나라의 경우에도 여러 자료를 참조하자면 2011년 기준 국내 치매환자가 50만 명을 넘어선 이후, 2017년에는 70만 명을 넘어섰고, 머지않아 치매환자 수가 100만 명에 육박할 것으로 예상하고 있다. 바야흐로, 치매환자로 가득한 무서운 고령사회가 다가오고 있는 것이다. 문제는, 일단 치매로 들어선 경우 그것을 완치할 수는 없고, 그 증상을 완화시키는 것을 목표로 치료가 이루어진다는 것이다. 즉, 일단 걸리면 답이 없는 질환이다. 생활습관의 개선을 통해서라도 걸릴 위험을 낮추는 것이 상책이다.

◆ 치매의 종류: 알츠하이머 치매 vs 혈관성 치매
치매와 관련하여 또 하나 알아둘 것은, 치매의 종류가 두어 가지에 그치는 것이 아니라, 무려 수십 가지의 다양한 유형이 존재한다는 것이다. 이 중 가장 대표적 원인 질환이, 익히 알려진 '알츠하이머 치매'와 '혈관성 치매'인 것이다. 조사기관에 따라 다르지만, 중앙치매센터의 치매역학조사(2016년 기준) 자료를 참조하자면 알츠하이머 치매의 발생 비중이 지속적으로 증가하여 우리나라 전체 치매 발생의 3/4 정도를 차지하는 것으로 알려진다.

· 알츠하이머[Alzheimer disease] 치매

알츠하이머 치매의 정확한 발병 원인을 찾기 위한 연구가 한창 진행 중이나 그 발생 로직을 추적한 지금까지의 결과를 살펴보면, 뇌신경세포가 점차 소실되면서 기억과 학습에 사용되는 뇌 신경전달물질(신경자극을 근육에 전달하는 물질)의 하나인 '아세틸콜린' 결핍이 발생하는데, 이것이 기억력과 학습 장애 등을 낳는다는 것이다. 과거엔 정통한 치유기술이 존재하지 않아 그 주요 증상 발현 시 약물을 통한 일시적 증상 완화만이 가능하였으나, 최근에는 그 진행을 늦추거나 증상을 호전시키는 단계의 약물이 개발 및 사용되는 단계에 있다고 한다. 치매의 증상과 관련하여, 「생로병사의 비밀」이라는 유명 TV프로그램에 따르면, 이 알츠하이머 치매는 특히 기억력 저하 등 인지기능의 장애가 먼저 관찰된다고 알려진다.

· 혈관성 치매

혈관성 치매는 말 그대로 뇌 혈관 내 혈액순환의 장애로 발생한다. 혈액순환이 원활하지 않거나 끊기는 경우, 뇌세포에 충분한 영양분과 산소가 공급되지 않아 신경세포가 괴사하게 되고, 이런 상황이 반복되어 발생하면서 뇌기능이 저하되어 결국 치매로 이어지는 수순이다. 하나 다행인 사실은, 혈관성 치매의 경우 ① 당뇨/고혈압 등 위험 인자의 관리와 함께, ② 뇌졸중을 철저히 예방하는 등의 노력을 통해 어느 정도는 예방이 가능하다는 사실이다.

◆ 치매의 증상

치매는 단순한 기억력의 감퇴를 넘어, 시공간 파악 능력, 언어 능력, 성격이나 기분 변화 등의 다양한 정신 능력 관련 장애가 발생하게 되는데, 치매 증상은 크게 ① '인지기능의 장애'와 ② '기분 장애'라는 두 가지 양상으로 대별되고 있다.

① 인지기능(언어, 기억능력, 판단력)의 장애 등

인지기능 장애는 매우 다양한 범주로 발현되는데 기억 장애, 시공간 인지 장애, 주의력 장애, 언어 장애, 수면장애 등이 대표적이다.

- **기억 장애**: 친한 사람의 이름, 물건의 이름을 기억 못하는 증상 (예: '안경', '수저'와 같은 쉬운 용어를 잊거나, 가족의 이름을 기억 못하는 증상)
- **시공간 파악능력 장애**: 날짜, 연도나 장소 등에 대한 인식장애
- **주의력 장애**: 상대방과의 대화나, 대화 주제에 집중하지 못하는 증상
- **언어 장애**: 적당하게 말하지 못하고 머뭇거리거나, 어물거리는 증상
- **판단력, 계산능력 장애**: 돈 계산 어렵거나 금전 개념 상실

• **수면 장애:** 잠을 너무 많이 자거나, 잠들기 힘들어 하는 증상

② 기분 장애, 망상

치매가 진행되면서 심하게 화를 내거나 모르는 사람을 무심코 자극하는 등의 이상행동, 기분장애, 망상 등이 동반된다고 알려진다.

• **기분 장애:** 우울증[55], 조증[56], 불안감 등 관찰
• **성격/감정 변화:** 성격이나 성향, 감정의 급격한 변화 관찰
• **망상:** 잘못되거나 이상한 내용을, 사실인 양 말하는 현상 관찰
• **이상 행동:** 모르는 사람을 무심코 자극하는 행동 등의 관찰

◆ 치매의 치료와 예방

치매는 예방이나 치료가 더 힘든 것으로 알려진 알츠하이머 치매가 전체 치매질환 중 더 많은 비중을 차지하며, 그 발병 비중도 혈관성 치매에 비해 증가하는 추세[57]에 있다고 한다. 다만, 동양인은 서양인에 비해 혈관성 치매의 비중이 상대적으로 높은 양상을 보인다고 한다. 따라서, 당뇨 등 위험인자의 관리와 뇌졸중 예방 생활습관을 통해 혈관성 치매를 효과적으로 에방하는 것이 현명한 치매 예방 기술이라 할 수 있을 것이다. 아래의 예방법은 주로 혈관성 치매의 예방에

....
55 특히, 혈관성 치매에서는 우울증이 흔히 동반되는 것으로 알려진다.
56 조증[躁症]: 들뜨거나, 행복감에 심취한 이상 증세.
57 2018년 말 발표된, '중앙치매센터 치매역학조사(2016년 기준)'에 따르면 알츠하이머 치매의 비중은 2008년 70.7%에서 2016년 74.4%로 더 늘어난 반면, 혈관성 치매는 24.4%에서 8.7%로 줄어들었다고 한다.

초점이 맞춰 있지만, 알츠하이머 치매를 포함하여 치매 전반에 대한 위험성을 낮추는 것으로 알려져 있다.

〈치매 예방법〉

- **꾸준한 운동**: 뇌혈류를 증가시켜 신경전달물질의 작용을 원활하게 한다.
- **매일 걷기**: 꾸준히 걷는 것만으로도 예방에 도움이 된다고 한다.
- **성인병 관리**: 당뇨 등 유사 성인병(고혈압, 고지혈증 등)을 철저 관리
- **식단 관리**: 짜고 매운 것 줄이고, 견과류, 해조류 등 자연 식단 갖기
- **두뇌 활동**: 뇌신경세포의 기능 향상에 도움이 된단다.
- **많이 읽기**: 책이나 신문을 자주 읽는 것도 뇌 활동에 좋다고 알려진다.
- **사람들과 어울리기**[58]: 나이가 들수록 친한 이들과 교감의 가치는 점점 커진다. 4장에서 살펴보겠지만 '교감'과 '어울림'은 '장수'의 비법이기도 하다.

마지막으로, 종종 치매와 혼동되는 질병으로 '파킨슨병'의 개념과 증상에 대해서도 알아보자. 파킨슨병 환자의 상당수는 치매 증상이 동반되나, 알츠하이머 치매와는 양상이 상당히 다르다고 알려진다.

....
58 '중앙치매센터 치매역학조사(2016년 기준)' 자료를 참조하자면, 이혼 · 미혼 · 별거 중이면 4.1배 가량, 배우자 사별시 2.7배 정도로 치매 발병위험이 높았다고 한다.

〈참고〉 유사 질환: 파킨슨 병[Parkinson`S Disease]

◇ 개념: 우리 몸의 신경전달물질로 '도파민'(기억력과 집중력을 높이고 몸이 움직일 수 있도록 조절해 주는 역할)이라는 것이 있는데, 파킨슨병은 도파민의 부족으로 인해 움직임에 영향을 받는 진행성 신경시스템 장애(a progressive nervous system disorder)이다.

◇ 증상: 대표적인 증상은 아래와 같으나, 사람에 따라 다르게 나타나고, 서서히 진행되기에 초기의 징후나 증상은 알아채기 어렵다고 알려진다.
- 떨림(tremor): 앉거나 누운 중에 특히 심해지는 증상
- 움직임 둔화: 행동이 느려지고, 걸으며 바닥을 끌게 되는 현상
- 어정쩡한 자세: 구부정한 자세, 균형 잡기 어려워 짐
- 수면장애: 잠 들기가 힘들고, 배뇨장애(빈뇨)
- 말하기 변화: 작게 말하거나, 분명하지 않은 발음 등
- 글쓰기 변화: 글 쓰기 어렵거나, 작아진 글씨

[자료참조] 메요클리닉(https://www.mayoclinic.org/diseases-conditions/parkinsons-disease/symptoms-causes) 외

당뇨:
누구에게나 갑자기 찾아올 수 있는

　나는 40대 후반의 중년 남성이다. 나는, 나이 40을 넘으면서 비슷한 또래의 내 주변의 친구, 동료, 선배, 후배와의 대화 도중, 그들 중 적지 않은 수가 이미 당뇨로 진단받은 상태이거나, 당뇨 진단 직전의 경계 상태에 있다는 사실에 놀라게 된다. 얼마 전까지 나와 같이 일하던 직장의 선배도 만 50세에 받은 정례 건강검진에서 당뇨 진단을 받았다.

　그때까지는 솔직히 그런가 보다 했다. 당뇨 진단을 받은 주변의 사람들을 여럿 보았음에도 당뇨는 먼 질병이고, 음주나 흡연 등 잘못된 습관을 가진 사람들의 전유물로만 생각했는데, 금년 여름에 무심코 받아본 종합건강검진 결과에서 나에게 대사증후군이라는 판정이 있었고, 그 생소한 질환에 대해 알아보던 나는 나 역시도 당뇨에 매우 가까이 다가와 있음을 알게 되었다. 생각지도 않은 대사증후군 판정과, 그것이 당뇨의 경계에 있다는 경고임을 직감한다. 그리고, 이젠 바뀌어야 한다는 뒤늦은 후회가 밀려왔다.

◆ 당뇨[diabetes, diabetic]란?

당뇨라는 용어는 소변(뇨)에서 단맛(당)이 난다는 이유로 생겨난 것으로 보인다. **세계보건기구(WHO)의 통계에 따르면 전 세계 성인의 8.5%가 당뇨병을 앓고 있다고 한다.** 너무도 흔해진 질환이고 생활습관의 조절만으로도 예방이 가능하다고도 알려지지만, 적절히 치료하지 않으면 심근경색 등 여러 합병증을 불러오는 무서운 질병으로도 알려지고 있다. 도대체, 당뇨란 어떠한 것이고, 이것의 예방을 위해 필요한 생활습관이 어떠한 것인지 조금 알아보고자 한다.

우선, 인슐린[59]의 분비량이 부족하거나 아예 분비되지 않는 대사질환을 일컬어 '당뇨'라고 부르는 것이다. 혈중 포도당의 농도가 높아지는 현상('고혈당')이 당뇨의 대표적 특징이며, 높아진 혈당으로 인해 갈증, 소변습관의 변화 등의 이상 증상을 불러오게 되는 것이다.

이러한 당뇨에도 종류가 있는데, 인슐린을 아예 생산하지 못함에 따라 생기는 '제1형 당뇨'에 비해, 인슐린이 상대적으로 부족한 유형의 '제2형 당뇨'는 인슐린 저항성(인슐린 기능이 떨어져 우리 몸의 세포가 포도당을 효과적으로 사용하지 못하는 것)을 특징으로 하며, 과식, 불규칙한 식사, 운동부족 등 좋지 않은 생활습관이나 고령, 스트레스 등 여러 환경적 요인에 의해 발병하는 것으로 알려져 있다.

◆ 당뇨의 증상과 예방

당뇨는 그 초기 단계에서는 증상을 느끼지 못하는 경우가 많다고

....
59 인슐린(Insulin): 췌장에서 분비되며, 우리 몸의 주된 에너지원인 포도당 수치를 일정하게 조절하는 역할을 하는 호르몬이다.

한다. 그러나, 정도(혈당 상승)가 심해지면서 ▲ 갈증을 느껴 물을 많이 먹게 되고, ▲ 소변 보는 횟수와 소변량이 함께 늘어나고 ▲ 피로감이 크게 느껴지거나 ▲ 체중의 감소 증상을 보인다고 한다. 이러한 증상들은, 소변을 통한 포도당 배출 시 영양분이 몸에서 제대로 소모되지 않고 수분을 머금은 채 빠져나가기 때문에 생기는 증상인 것이다.

앞에서 말했듯, 제2형 당뇨는 생활습관 개선을 통해 효과적 방어가 가능하다고 하며, 아래의 내용은 미국 당뇨협회(American Diabetes Association)가 제안하는 다섯 가지 생활 속 예방법[60]이다. 이렇게 간단한 팁(tip)을 통해서도 그 무서운 질환을 예방할 수 있다니! 늦기 전에 우리의 생활습관에 녹여, '당뇨'야말로 자신의 이야기가 아닌 것으로 만들어 보자.

- **육체적 활동**: 움직임과 운동은 포도당을 소모시키고, 체중을 줄여 혈당을 낮추는 데 기여한다. 사무직에 종사하는 직원이라면, 앉아서 일하는 시간을 조금이라도 줄여보려는 노력이 필요하다.
- **체중 감량**: 조금의 감량이라도 도움이 된다고 한다.
- **절연**: 끊자. 흡연자는 최소 50% 더 높은 당뇨 위험을 감수해야 한다.
- **적당한 음주**: 적량의 음주(여성 1잔, 남성 2잔)가 제2당뇨 예방에

----
60   Diabetes prevention: 5 tips for taking control 〈자료출처〉 www.mayoclinic.org

도움이 될 수 있다고 한다. 매우, 흥미롭다. 다만, 꼭 적량을 지켜야 한단다.

- **4가지 식단변화(★)**
  - 섬유질(과일/채소/야채, 통곡물[61], 콩/견과류 등)의 섭취: 혈당 조절
  - 나쁜 지방(붉은 고기, 가공육) 섭취 자제: 혈당 조절
  - 당이 많은 음료 자제: 대체물(물, 커피, 티) 마셔라

이에 더하여, 45세 정도의 나이를 기준으로 이를 상회하면 당뇨에 더 많은 관심과 점검의지가 훨씬 더 요구된다고 하고, 45세 미만이더라도 좌식생활 직업군이나 당뇨 가족력이 있는 사람은 특히 더 유의해야 함을 여러 자료에서 공통적으로 충고하고 있다.

....
61   정제하지 않은 곡물.

천식:
생각보다 흔하고, 무서운 질병

미국의 드라마를 보면 비교적 젊은 친구—많은 경우 남자들이 천식환자로서 응급 호흡기를 가지고 다니는 것을 쉽게 볼 수 있다. 그리고, 우리 국민의 무려 10% 가까이 고통받는 질병[62]! 특히 **65세 이상 고령층의 7명 중 1명 정도가 이 병에 시달리고 있을 정도로 무서운 병**인, 천식이다. 곧 다가오는 2020년대 중반, 우리나라의 예상 노인인구가 20%를 상회할 정도로 노령화는 너무도 급속히 진행되고 있다. 이에 미세먼지, 황사에 이어 매연, 다양한 음식물 등 천식 유발 물질도 계속 증가할 것으로 예상된다. 결국엔, 천식이라는 질병은 국가적으로도 엄청난 치유비용을 부담하며, 가장 주목해야 할 질병이 될 것이 자명하다.

한편, 대한민국이 낳은 불세출의 스포츠 스타, 박태환이 어렸을 때 수영을 배우기 시작한 이유가 천식이었다는 것은 널리 알려진 사실이다. 통상, 어린이 천식은 아주 심하지만 않다면 성장하면서 증상이 개선되는 경우가 많은데 이는 폐 기능도 성장에 따라 같이 개선되기 때문이라고 한다. 문제는 성인이 되면서 좋아지기만 하던 기관지가,

---

62 자료에 따라 큰 차이가 있는데, 소스에 따라서는 우리 국민의 5% 정도가 천식환자인 것으로 설명하기도 한다.

정점을 넘어서면 노화에 의해 폐기능이 다시 떨어진다는 것이다.

◆ 천식[asthma]이란? 그 증상

천식이란, 알러지성 염증에 의해 기관지가 반복적으로 좁아지는 만성적, 호흡기 질환으로서, 기관지가 좁아져서 숨이 차고, 기침이 나며, 가슴이 답답해지는 증상이 대표적이고 이 증상이 반복되는 것이다. 이렇듯 천식의 증상들은 일반 질병에서도 흔한 유형이 많으니, 그것이 오랫동안 지속되거나 정도가 심해질 경우, 조금 더 깊은 관심을 가지고 살펴보아야 한다. 사람에 따라서는 이 중 한두개의 증상만이 나타나기도 하지만, 많은 경우 아래 여러 증상들을 두루 경험하는 것으로 알려진다.

〈천식의 대표 증상〉

- 기침(특히 밤중이나 새벽에 심해진다고 함)
- 가래(특히 덩어리가 지거나, 점도가 있는 가래)
- 숨 가쁨, 숨쉬기 힘듦, 숨 쉬거나 내쉴 때 쌕쌕거림
- 가슴 답답함

우리가 유의할 점은, 천식 징후가 반복되어 불편함이 지속되는 경우에도 그것이 질환인지를 인지하지 못하여 적정한 치료를 받지 않을 경우 더 심각한 단계의 수준으로 진화하게 된다는 것이다. 따라서,

위에 열거된 천식의 증상을 반복적으로 경험했다면, 본인의 상태가 '천식'이라는 질환으로 진단될 수 있는 것인지를 정확히 확인받아, 이에 부합하는 적절한 치료를 시도할 필요가 커진다. 천식의 진단과 치료를 전담하는 내과의 분과는, '알레르기 내과', '호흡기 내과'이다. 이것부터 꼭 기억해 두자.

◆ 천식의 원인

최근 전 세계적으로 천식 환자 수가 증가하고 있는데, 그 원인을 대기오염 심화, 미세먼지와 초미세먼지의 증가 등 '환경오염'에서도 상당 부분 찾고 있는 듯하다. 천식은 알러젠(allergen, 알레르기를 일으키는 물질), 공기 중 다양한 자극물 등에 반복 노출됨으로써 유발될 수 있는 것으로 알려진다. 즉, 천식은 기본적으로 작용하는 유전적 요인 외에도, 아래와 같이 다양한 '환경적인 요인'이 함께 상호 작용하여 나타나는 것이다.

· 대기 중 알러젠: 미세먼지, 초미세먼지, 꽃가루 등
· 실내 자극원: 담배연기, 향수, 각종 방향제 등
· 기타: 동물 알러젠[63], 집먼지 진드기, 바퀴벌레 등

----
63 대표적인 동물 알러젠: 고양이(털, 비듬, 침), 개(털, 비듬)

◆ 천식의 관리 방법: 지속적 관리와 치료

천식의 공포는 그 증상이 언제라도 나타날 수 있다는 것에서 출발한다. 천식을 앓는 사람은 그 스트레스로 인해 직장생활이나 가정에서의 안정적 휴식에 큰 방해가 될 뿐더러, 천식으로 인해 자신이 정상적인 사회활동에 참여할 수 없다는 생각에서 오는 우울감이 찾아올 수도 있다고 알려진다. 따라서, 절대 방치해서는 안 되고 적극적 진단과 치료는 물론, 위급상황에서의 대처법을 빨리 습득하는 것이 중요하다. 더불어, 부모님 등 주위의 중장년층 어르신 중 천식으로 고생하는 분이 있다면, 같이 알아 두고 현명한 약의 복용에 대해 조언할 수 있어야 한다.

- **약물 부작용 점검**: 천식 치료용 스테로이드 성분 항염제의 장기 복용에 따르는 부작용(예: 고혈압, 면역 기능 감소 등)에 대해 사전 이해가 필요하다. 부작용이 커질 경우, 의료진과의 상담을 통한 처치가 필요하다.
- **끈질긴 치료**: 천식 치료의 또 다른 문제는, 증상이 나타날 때만 치료하고 이내 방치하는 습관이라고 한다. 발작 시 수축됐던 기관지가 정상화 되더라도 기관지 내 염증은 남아 있기에, 염증에 대한 꾸준하고도 완전한 치료가 필요하다는 것이다.

◆ 자각하지 못하는 병&어르신 일곱 분 중의 한 명이 앓는 질병

미국의 경우에도 최근 자료 기준 천식 환자수가 26백만 명(미국 인

구 326백만 명 기준 8% 수준)을 넘어섰을 것으로 추정된다고 한다. 더 주목할 점은, 많은 이들이 자신들이 천식환자라는 것을 자각하지 못하고 있다고 한다. 즉, 천식을 앓고 있는 사람이, 본인의 증세로서 질병임을 자각하지 못하는 질병이라고 하니, 이 병에 대해서는 남들보다 조금 관심을 가지고 살펴보는 것이 의미가 있겠다.

당장 생명에 지장을 주는 치명적인 질병이 아니라 하더라도, 무슨 병이든 만만하게 봐서는 떨쳐낼 수 없다. 특히, 우리 어르신 일곱 중의 한 분이 이 질환으로 시달리고 있다고 하니, 천식이라는 질병 자체에 대한 이해도를 높이는 한편 가족 중 천식환자가 갑자기 필요로 하는 도움(예: 발작 등의 응급상황에서 신속한 응급 호흡기 사용을 돕는 것 등)을 언제라도 제공할 수 있도록 마음으로 준비할 필요가 크다.

Chapter IV

오래 살기 수칙

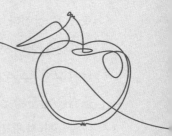

일상생활에서의 간단한 의학상식을 바탕으로 건강한 생활습관을 유지함으로써, 암과 같은 중대질병의 위험을 낮추면서 건강수명도 늘릴 수 있다면 그 의학상식의 값어치는 얼마나 될까. 아마 무심코 맞춘 벼락 로또에서 얻어지는 수십억대 금전보다 더 큰 가치를 가질 수도 있을 것이다. 그럼에도, 무수한 의학정보 중 본인에게 꼭 필요한 정보만을 골라서 취하기도 어렵지만, 얻어둔 상식이 실제의 생활습관의 교정으로 이어지는 것 역시 쉽지 않다. 그것은, 매끈하고 슬림한 몸매를 꿈꾸지 않는 이 없지만 너무 많은 비만인들이 슬림화를 향한 생활습관(적게 먹고 많이 움직이는 습관 등)을 쉽게 이행하지 못하는 것과 비슷한 이유이다.

이번 장에서는 **'생활 건강'**이라는 주제로, 생활습관의 교정을 통해 건강한 생활이 가능하고, 또 그러한 건강한 생활을 통해 중대질환 없이 오래 사는 것과 관련한 여러 값진 정보들을 모아 보았다. 우리에게 가장 친숙한 질병인 '감기'에서부터 시작하여, '장수'의 비결을 조금 깊이 살펴보고, 중대질병은 아니더라도 우리와 우리 가족들을 괴롭히는 생활 속 질병에 대해서도 두루 살펴보고자 한다.

부디, 처음에 살펴 본 병원이나 약제의 선택이슈나, 암과 같은 중대질병으로부터의 자유로움에서 나아가, 모든 인류의 본능적 소망인 **건강하게 오래 사는 꿈**을 이 책의 독자인 여러분 모두 달성할 수 있기를 소망해 본다.

IV-1
오래 살기 수칙: 감기와 생활 건강

이 편에서는, 우리가 갓난아기에서부터 중장년 시절을 거쳐, 노년기의 끝자락까지 가장 흔하게 접하는 병, 바로 감기에 대해 살펴보고자 한다. 생활질병 중 첫 머리에 감기를 따로 등장시킨 이유는, 이것이야말로 세상에서 가장 흔한 질병이기도 하지만, 이 질환의 이면에 감춰진 여러 건강정보를 함께 음미해 볼 가치가 충분하기 때문이다.

우선, 감기와 관련하여 우리의 상식과 조금 다른 내용을 먼저 소개하자면, 최신 의학정보를 광범위하게 제공해주고 있는 사이트 메요클리닉(www.MayoClinic.com) 등에 따르면, 감기는 상부 호흡기관 내 200개[64]가 넘는 바이러스 중의 하나에 의한 '바이러스성 감염 질환'으로서, 감기 자체를 원천적으로 치료하는 기술은 존재하지 않는다고 한다. 즉, 우리가 감기로 인해 먹는 약제 등을 통한 약물치료는 감기로 나타나는 불편한 증세의 완화를 위한 것일 뿐, 감기가 우리의 몸에 머무는 기간 자체를 줄이지는 못한다

....
64   자료에 따라서는, 100개 이상의 바이러스로 설명하기도 한다. 중요한 것은, 어마어마한 숫자의 바이러스가 감기에 관여할 수 있다는 것이다.

고 한다.

위의 상식과 같이, 아래에 소개하는 감기 관련 생활상식은 조금 잘못 알려지거나 논란이 되는 이슈에 대하여 신문이나 방송, 해외 의학 칼럼 등에서 접한 의학상식을 살펴보고 이해한 후, 이를 저자의 분석적 판단을 조금 얹어 정리한 것으로 우리가 감기라는 흔한 질병을 대응하는 데 있어 도움이 될 만한 것을 위주로 추려본 것이다.

사과와 감기:
상충하는 의학정보, 감기와 생활 건강

　이유도 없이 머리가 아픈 아침……. 왜일까. 어제 10시 이후에 먹은 사과가 생각났다. 출근해서 옆의 회사 동료에게 얘기했더니, "사과를 저녁에 먹고 자면 안 좋다는 소리 있잖아~ 더구나 자네는 감기 증세도 있어 더 조심했어야지"라고 얘기,해 준다. 본인의 아내인 학교 양호교사가 알려준 사실이라고 자신 있게 덧붙인다. 사과처럼 친숙한 과일이 있을까. 그런 과일을 저녁에는 먹지 못한다는 것인가. 그리고 많은 사람들이 말하는 것처럼, 사과와 감기는 상극인가? 인터넷 지식검색을 통해 우연히 접한 정보도, 사과와 연관된 것인데, 사과와 감기의 상관관계에 대해 조금은 놀라운 정보를 담고 있었다. 그 정보를 조금 소개하자면,

〈참고〉 사과의 수렴기능과 감기

사과가 가진 성질 중에 '수렴'이라는 것이 있는데 이것은 몸의 수분을 배출하지 않고 안으로 끌어들여 간직하는 성질이라고 합니다. 그렇기에 감기로 인해 열이 났을 때 그 열이 발산되지 못해 감기가 쉽게 낫지 않는다고 합니다. (중략) 건강한 때 사과는 감기를 예방하기도 하지만 특히, 한방에서는 감기나 천식이 있는 사람들은 사과를 금하고 있습니다. (중략) 한편 감기에도 비타민을 섭취해야 치료가 된다고 과일을 먹으라고도 합니다. 그렇지만 사과는 안 된다고 하네요.

[자료 출처]: 네이버 지식검색 자료, 일부 편집

이러한 인터넷 포털의 지식정보는 현대를 사는 우리에게 매우 실용적인 도움을 주곤 한다. 비단, 의학정보 말고도 우리는 흔히 인터넷 포털 등을 통해 다양한 정보를 얻고, 때로는 그대로 믿고 따르며 살고 있다. 얼마나 편리한 세상인가? 그럼에도 의학정보는 건강과 직결되는 문제이기 때문에 지나치게 많은 정보로 인한 부작용도 분명 존재하는 것 같다. 따라서, 정보를 찾는 노고에 더하여, 검색된 여러 의학정보 중 신뢰할 수 있는 것만을 추려서 취하는 혜안이 필요한 것이다.

어쨌거나, 사과의 섭취와 관련한 위의 질문에 대한 보다 정교한 답안을 찾기 위해 나는 우선 구글(Google) 검색을 통해 외국에서도 이와 같은 고민에 대한 답을 제시하고 있는지 찾아보기로 한다. 'Relationship with Apple and Cold'란 검색어를 통해 몇 가지 의미 있는 정보를 추려 보았는데, 걸러진 정보로는 감기에 대한 일반적 상식을 상세히 소개하면서, 감기에 걸렸을 때 섭취가 권장되는 음식으로 '사과'를 예로 들고 있었다. 즉, 사과를 감기 시 기피해야 하는 음식이라기보다는, 사과가 가진 소염 성향을 사유로, 오히려 감기 시 권장할 만한 식품에 넣어서 설명하고 있는 자료를 어렵지 않게 찾을 수 있었다.

<참고> 감기 걸렸을 때 먹으면 좋은 음식: 과일 주스&닭죽

◇ **오렌지 주스, 사과:** 리더스다이제스트(www.rd.com)는 감기 시 비타민 C가 함유된 오렌지주스를 추천하는 한편, 소염성향을 가진 <u>사과</u>, 크렌베리도 섭취를 권장하고 있다. 메요클리닉(MayoClinic)에서는 음료(물, 과일쥬스)의 많은 섭취를 권장한다.

◇ **닭죽(치킨수프):** 건강의학 사이트(www.MedlinePlus.com)에서는 닭죽을 권장하는데, 감기의 증세 완화에 효과가 있는 것으로 입증되었다고 한다. 연구에서는 닭죽이 염증 유발을 억제할 뿐 아니라, 코의 점액을 얇게 하고 부비강(코 안쪽으로 이어지는 구멍)내의 점액을 없애주는 기능을 한다고 설명하고 있다.

상충된 의학정보! 여기서 나와 같은 일반인들은 작은 고민에 빠지게 되는 것이다. 감기 중 사과, 먹어도 되나?

◆ 사과를 먹자: 저녁에도&감기 중에도. 다만, 적당히~

우선, '저녁에 사과를 먹어도 되는지'와 관련하여, 국내외 여러 자료를 통해 내가 얻은 결론은, 저녁에 사과 섭취는 사과가 가진 성분(섬유질, 산 성분)이 장이나 위에 부담이 될 수는 있으나, 이를 상쇄하는 사과만의 다양한 영양적 효능도 있으니, 섭취는 하되 적당히 먹고, 너무 늦은 저녁에는 먹지 말라는 것이다. 여기에, '감기 중에 사과를 먹지 말라는 것'에 대해서도, 의학적 식견을 갖춘 전문가들의 대체적 의견은 감기 중 사과 섭취를 금지하기 보다는, 적당한 섭취가 감기 치유에도 도움이 될 수 있다는 것에 더 가깝다. 적당한 섭취를 통해 사과가 가진 다양한 효능을 누리라는 원예 분야 권위자의 의견[65]도 와 닿게 된다.

이렇듯 흔한 과일 중 하나인 사과 관련 정보를 예로 들어 볼 때, 우리가 접하는 다양한 의학정보가 보는 관점에 따라 혹은 구술하는 전문가의 전문성의 깊이에 따라 달라지고, 그 사안을 전부 설명하는 절대적 답안을 찾는 것이 때로는 쉽지 않음을 잘 알 수 있다.

◆ 감기에 먹을 음식 vs 먹지 말아야 할 음식

마지막으로, 대부분의 사람이 일 년에 한두 번은 걸리고 마는, 대표적인 생활 속 질병인 감기에 걸렸을 때 좋은 음식과, 먹지 말아야 할 음식에 대해 한번 정리해 보고자 한다.

---

65 건국대학교 임열재 교수(원예학과)께서 펴낸 「과일의 신비」라는 책에서는 '하루에 사과를 한 개 먹으면 의사가 필요 없다'는 속담을 소개하면서, 심장병 예방 및 호흡기 질환 완화 등 사과가 가진 다양한 효능을 설명해 주고 있다.

〈생활 속 의학 상식〉 감기에 좋은 음식, 피해야 할 음식

항목		내용
감기에 걸렸을 때 음식	섭취 권장 음식 (좋은 음식)	• 닭죽 • 생선, 치킨, 호밀, 바나나 • 비타민 C 섭취: 오렌지주스 • 사과, 토마토 소스, 크렌베리 • 허브차
	섭취 자제 음식 (나쁜 음식)	• 알콜 • 카페인 음료 • 제련된 음식(설탕과 전분으로 제련된 것)

[자료 출처] 리더스다이제스트(www.rd.com), 메요클리닉(MayoClinic), 메디라인 플러스(www.MedlinePlus.com), 기타 다수 인터넷 건강정보

감기와 독감:
무엇이 어떻게 다른가?

　일교차가 커지는 환절기에는, 우리의 몸은 외부의 기온 변화에 본능적으로 대응하여 체온을 일정하게 유지하려는 성향을 보인다고 한다. 그럼에도 불구하고 외부와의 기온 차이가 너무 커지면 우리 몸이 이에 적응하지 못하여 면역력이 저하되고 그로 인해 여러 질환이 발생하는데, 그중 대표적인 것이 '감기'라는 녀석이다. 이러한 감기와 독감이 유사한 것으로 여겨지는 것은 그 대표적 증세가 기침이나, 가래 등으로 비슷하게 나타나기 때문이다. 그러나, 감기와 독감은 너무 많이 다르다고 한다. 이 편에서는 그 둘이 얼마나, 어떻게 다른지에 대해 조금 살펴보고, 그 예방법에 대해서도 두루 알아보고자 한다.

◆ 감기[cold]와 독감[flu]의 차이

　감기와 독감은 증상과 경과가 다른 완전히 별개의 질환이라고 봐도 된단다. 마치, 늘상 같이 다니던 여성 두 명이 너무 닮아서 자매인 줄 알았는데 알고 보니 그저 피 한 방울 섞이지 않은 친구인 것과 같은. 감기는 약 200여 종의 서로 다른 종류의 바이러스(코로나바이러스, 리노바이러스 등)로 인해 발생하는 바이러스성 호흡기 염증 질환인 반면, 독감은 인플루엔자 바이러스가 원인이 되어 나타나는 질환으로서, 크게 세 가지 유형(A, B, C)의 독감 바이러스가 존재하는 것으로 알려진다.

〈증상〉

독감과 감기의 증상 차이를 아는 것은 중요하지만, 일반인이 그 초기 증상만으로 그 둘을 감별해 내기는 쉽지 않을 수도 있다. 어찌보면 본격 진행이 되면서 그 증상의 차이가 커지게 되고, 그 지속기간이나 합병증을 불러오는 정도에서 큰 차이를 보이게 된다. 그렇다면 그 징후만으로 우리가 감기인지, 독감인지를 어떻게 구분해 낼 수 있을까?

- **발열**: 감기는 통상 바이러스에 노출된 지 1~3일 후에 증상이 나타나는데, 통상 아픈 목(인후통)으로 시작되고 그 통증은 하루나 이틀 후면 사라진다. 거기에 재채기, 콧물, 기침/객담, 근육통 등의 증상이 나타나는데, 발열 증상과 관련하여 성인에게는 미열이 있을 수는 있으나 일반적이지 않고, 소아에게는 일반적이다. 따라서, 체온을 재서 발열 여부를 확인하라고 전문가들이 얘기한다. 즉, 독감은 코막힘과 기침 등 감기와 유사한 증상을 보이기도 하지만, 감기와 달리 독감은 성인에게도 초기부터 발열 증상이 나타나는 것으로 알려진다.
- **지속기간, 증상의 종류 및 발현 시기**: 통상의 감기는 보통 일주일 정도 지속된다. 만일 감기가 일주일이 경과하여도 나아지지 않는다면, 세균성 감염을 의심할 필요가 있다고 한다. 독감의 증상은 감기의 증상보다 조금 다양하고 심각한 편으로, 대표적 증

상은 발열, 오한, 두통, 근육통, 피로감 등의 전신 증상이 갑자기 발생하면서 기침, 콧물 등의 호흡기 증상이 동반되는 양상을 보인다. 하지만 발열 증상이 없는 경우도 있어, 구분이 어려운 측면이 있다.

〈참고〉 감기와 독감의 증상 비교

증상	감기[Cold]	독감[Flu]
발열	드물지만 때때로 발생, 있어도 미열 수준	흔한 증상임
두통	가끔	흔함
일반 통증	약간	흔하고, 가끔 심한 통증
피로감	-	병의 초기단계에서 흔함
코 막힘	자주 일어남	때로는
재채기	흔한	때로는
인후통	자주 일어남	때로는
합병증	비염, 중이염	부비강염, 기관지염, 폐렴

[자료출처] WebMD Medical

◆ 감기와 독감의 합병증

'감기'는 비염이나 급성 중이염이 쉽게 동반되기도 하지만, 심한 경우 폐렴으로 이어지기도 하는데, 이것이 특히 어르신이나 유아의 감기를 무시할 수 없는 이유다. 반면, '독감'의 대표 합병증 또한 '폐렴'으로, 어린이나 65세 이상 노인, 호흡기 질환, 폐 질환 등을 보유한 사람에게서 발병 위험이 높은 것으로 알려져 있다. 폐렴은 워낙 심각한 합병증이기에, 해마다 적극적인 독감 예방접종을 통해 그 합병증 위험을 줄여야 하는 것이다.

〈참고〉 폐렴[pneumonia]의 개념과 그 합병증

폐렴은 2017년 기준 우리나라 국민의 사망원인 중, 4위[66]를 차지할 정도의 중대 질환으로서, 말 그대로 폐에 생기는 염증인데, 세균이나 바이러스에 의해 유발되는 질환이다. 주요 증상으로는 기침, 가래 등 폐 기능 관련 증상과, 구역, 구토, 설사 등의 소화기 증상 및 통증 등 전신 질환으로도 나타난다. 폐렴의 합병증으로는, 병원균이 혈액 속으로 침투하여 생기는 패혈증, 수막[67]염 등이 있다. 다행스런 점은, 현 시대의 폐렴은 항생제를 이용하여 효과적 치료가 가능한 단계에 있다고 한다.

◆ 감기와 독감의 예방: 손을 씻어야 하는 이유

감기 바이러스와 독감 바이러스는 모두 코, 눈, 입이라는 3대 점막층을 통해 체내에 침입한다고 한다. 따라서, 우리의 손을 이러한 부위에 무심코 갖다 댈 때마다 바이러스에 감염될 수 있는 것이다. 그러기에 손을 자주 씻어서 독감과 감기 바이러스에 대비하자는 것이다. 한 번을 씻더라도, 비눗물이나 손세정제를 사용하여 확실하게 씻어, 세균을 털어내어야 한다.

....
66   통계청 자료기준, 남자 폐렴 사망률 10만명당 39.4명 vs 남자 뇌혈관 질환 사망률 42.7명
67   뇌와 척수를 둘러싸고 있는 막.

더불어, 감기는 그 원인 바이러스가 워낙 많기 때문에 예방백신이 존재하지 않으나 독감은 예방접종을 통해 효과적인 예방이 가능하다고 한다. 특히 12세 이하의 어린이와 65세 이상 노인, 호흡기 질환 등을 보유하고 계신 분이라면, 햇볕의 따스함이 현저히 가시기 시작하는 시기이자, 서리가 내리기 시작하는 계절, 무조건 맞아 두시는 것이 좋겠다.

〈참고〉 독감의 예방접종 시기: 11월 초까지(겨울이 오기 전)

독감이 유행하는 시기는 통상 12월에서 다음해 4월까지라고 한다. 접종 후에도 항체의 형성까지 걸리는 시간(통상 2~4주)을 감안하여야 하므로, 가을 끝 무렵인 10월이나 11월 초에 많이 접종하게 되는 것이다.

IV-2
오래 살기 수칙: 장수를 위한 생활습관

이제 80세를 조금 넘으신 나의 어머니가 자주 하시는 말씀이 있다. "이만큼 살았으면 여한이 없어" 이 말은 어머니의 장수에 대한 무욕(無欲)을 대변하는 말씀이기도 하지만, 많은 어르신들의 그 말처럼, 그대로 받아들이지는 않게 된다. 왜냐하면 장수는 모든 인류에게 내재된 본능적 소망과도 같은 것이기 때문이다. 벌써 몇 년째 거동도 못하시고 누워 계신 국내 최대 그룹 회장님을 보며, 수백억의 금전보다 중요한 것이 오래도록 건강하게 사는 것이라는 진리과 함께 과거 본인의 장생을 위해 많은 백성들에게 고초를 주던, 오래 전 권력자들의 욕망이 생각난 것은 왜일까.

모든 것을 다 가져도, 그것을 누릴 수 있는 시간이 한정되어 있다면 그것은 매우 슬픈 일일 것이다. 역사상 가장 강력한 왕권을 행사했던 중국 진나라의 시황제가 그토록 장수를 갈구했던 것을 보면 이해가 가지 않는가. 이 책에서는 여러 중대 질병과 그 위험성에 대한 이야기도 있지만, 오랜 동안 건강하게 살도록 도와주는 생활 속 습관과 지혜에 대해 살펴보는 것도 나쁘지 않은 것 같다.

유구한 역사처럼, 국가별로 수많은 장수비법들이 나타나고 사라져 온 것으로 보이는데, 17세기 유럽에선 수은을 장수의 만병통치약으로 믿고 장기 복용하기도 했다고 한다. 공교롭게도 수은은, 진시황릉 주변의 땅 속에서도 다량 발견되었다고 하니, 오래전 의료분야 선구자들이 수은의 비밀스런 효능에 대해 관심을 가진 점은 매우 흥미롭다. 그러나, 이렇게 두루 닮았지만 무모한 시도를 바라보며, 과학적 검증에 앞서 장수를 향한 막연한 동경이 빚어낸 믿음이 얼마나 강했던 것인지를 가늠해 보게 된다.

장수! 흔한 주제이긴 하지만, 본 이슈에 대해 각종 학술자료와 인터넷 정보를 검색해 보았고, 그중 조금 더 믿을 만하면서 실생활에 적용 가능한 정보를 추려 보았다.

장수(longevity)의 비결: 건강하게 오래 살기

장수로 이끄는 최고의 비법은, 값비싼 영양제나 뛰어난 효능의 약재보다는, 오히려 생활 속 작은 습관의 변화에서 찾을 수 있는 것 같다. 한편으론, 오래 사는 것에 대한 원초적 욕망에도 불구하고, 현대인들은 바쁜 생활 속에서, 손쉽게 행할 수 있는 장수에 대한 생활 속 비법을 무심히 지나치기도 한다. 한편으로는 너무 많은 건강 관련 정보가 범람하다 보니, 정보 자체에 대한 피로감을 호소하기도 한다.

그럼에도, 잘 먹고 오래 살자는 것이 인간 최고의 가치인 점을 고려한다면, 병 없이 오래 사는 요령에 대해서는 눈여겨 볼 필요가 있다. 특히, 몸이 예전 같지 않다고 느끼게 되는 40을 넘은 중년들에게는 더욱 그렇다. 아래 소개하는 내용들은 글로벌 웹 사이트 등에서 찾은 국제적 장수의 비결을 정리해 본 것이다. 분명히 말씀드리지만, 이것은 의학적 어드바이스가 아니고 단순히 오랫동안 선인들의 관찰을 통해 걸러진 건강비법을 공유하는 것이 그 목적이다.

최근 100년여간 인간의 평균수명은 50% 이상이나 증가했다고 한다. 무엇보다 진화하는 의료기술, 뛰어난 약재개발 때문이 아닐까. 이에 더하여 다이어트, 웰빙(Wel-being)이라는 개념이 새로 만들어지고 진화하면서, 삶을 '질'로 따지는 시대가 도래하였고, 도시인들이 슬림화와 건강증진을 위해 아낌없는 투자를 늘리는 풍조도 영향을 주었을 것이다. 그럼에도, 다수의 연구 결과는 건강 유지와 오래 사는 것에 중요한 요인이 숨겨져 있다고 설명하고 있다.

◆ 오래 살기 위한 현명한 습관: 행복=웃음=사랑=믿음 → 건강

장수와 관련하여, 다양한 연구 결과 및 건강 칼럼이나 응용정신과학 등을 두루 리뷰해 보면, 너무나 유사한 답안 및 관통하는 증거를 발견하게 된다. 바로, **행복한 사람들이 오래 살고 더 건강하다**는 것이다. '행복한 사람들이 장수한다!'는 것은 과학적으로도 설명이 되는데, 예를 들어 오래 사는 사람의 심장박동이 더 느리고 스트레스 호르몬(코르티솔[68])이 더 낮은 것으로 확인된다는 것이다.

연구진들은 또한 긍정적 사고와 감정적 활력(열정과 참여), 그리고 가족이나 친구들과의 협력적 네트워크 구축을 공통으로 권장하고 있다. 두루 비슷한 의미로 다가오겠지만, 건강하게 오래 살고 싶다면 아래의 습관들을 생활 속에서 조금씩이라도 실천해 보자.

[1단계] 구체적으로 실행에 옮길 수 있는 것 4가지
 • 자주 미소(smile)짓고, 자주 웃자(laugh): '큰 웃음'이건 '작은 웃

---

68 코르티솔[Cortisol]: 부신에서 자연 분비되는 호르몬.

음(미소)'이건 스트레스를 줄이고, 병을 예방한다고 과학이 증명하고 있단다.

- **소박하게 먹기**: 소박하게(80%만) 먹으라. 식물성으로~
- **좋은 잠**: 우리는 전통적으로 적게 자고 많이 일하는 것을 미덕이라 생각하여 권하는 것 같다. 그러나, 장수를 위해서는 하루 8시간 이상의, 질이 좋은 잠을 자야 한단다.
- **술은 레드 와인으로**: 술잔을 들고 싶다면, 레드와인에 함유된 황산화물질인 레스베라트롤[69]이 노화방지에 도움이 된다고 한다. 다만, 적당히 마셔야 한다.

[2단계] 조금 추상적인 것 4가지

- **사랑주고 사랑받기**: 정서적 교감, 그리고 건강한 성생활을 통해 젊음을 더 느끼고, 스트레스도 덜 받는 것도 과학이 입증하고 있다고 한다.
- **친구&가족과의 시간**: 교감은 호르몬(도파민 등)을 분비하게 한다. 도파민이 부족하면, 파킨슨병 등 노인질환이 빨리 오게 된다.
- **활동적인 삶**: 무엇이든, 조금이라도 움직이는 취미(산책, 걷기 등)를 통해, 엔도르핀을 방출해야 한단다.
- **명상, 그리고 믿음**: 명상은 스트레스를 줄이고, 믿음은 내면의 평화나 행복을 찾도록 도와 준다.

[주요 자료 출처] www.fedhealth.co.za/healthy-living-tips/12-secrets-to-longevity, www.longevity.about.com 외

....
69   레스베라트롤: 포도, 레드와인 등에 함유된 것으로 알려진 항산화물질.

위에 소개한 여러 생활수칙들을 제대로, 모두 지키기는 어렵다. 그렇다면, 쉬운 것을 먼저 골라, 본인의 라이프스타일에 녹여 보는 것이 어떨까. 나부터라도, 바쁜 직장생활을 핑계로, 가족이나 친구와의 단절, 믿음의 부족 등이 나를 조금 덜 행복하게 했었던 것은 아닌지 돌아보게 된다. 이번 책 작업을 계기로 나는 그동안 많이 부족했던 아내와 아이와의 대화의 시간을 늘리고, 나의 미래에 대한 걱정 대신, 나와 내 가족에 대한 믿음을 바탕으로 행복을 추구하려는 욕구가 더 커진 것 같다. 행복한 사람이 오래 산다. 돈보다는 건강이고, 건강하면 행복해진다. 그리고, 행복하면, 건강이 나와 그대의 곁에 있을 것이다.

장수(longevity)의 비결: 장수국가 사람들

이번에는, 조금 다른 접근방식으로 정리된 연구 자료를 소개코자 한다. 미국의 생활과학 전문가이자 탐험가인 댄 뷰에트너(Dan Buettner)가 인류학자, 영양전문가 등으로 전문가로 구성된 대규모 팀을 이끌며 블루존(Blue zone)이라 불리우는 세계의 여러 장수지역[70]을 분석한 결과, 다음과 같이 공통적인 요인 9가지를 발견했다고 발표했다.

◆ '댄 뷰에트너'의 장수 비결

- 일상생활에서의 규칙적인 육체적 활동(걷기, 화초, 가사), 좌식생활 안 하기
- 존재의 이유 찾기, 목적의식 갖기
- 좋은 습관(예: 낮잠, 기도 등)을 통해 스트레스 줄이고, 삶의 여유 갖기
- 적당히(80%까지만) 먹기
- 뿌리 달린 음식(콩, 채소/과일) 섭취 vs 육류/유제품 줄이기
- 와인 마시기(친구와 함께, 음식과 함께, 단 절제하여)
- 소속감 갖기(종교 등 신뢰 바탕으로 하는 사회적 커뮤니티에 소

....
70   Blue zone: 이카리아(그리스의 섬), 오키나와(일본의 섬), 바르바기아 지역(이탈리아 소재), 로마 린다(미국, 캘리포니아주 소재), 니코야 반도(코스타리카 소재)

속되기)
- 가까운 친구, 강한 사회적 네트워크 갖기
- 가족과의 친밀하고 견고한 관계 유지

보아하니, 오래 살기의 비결은 크게 3가지 습관으로 정리될 수 있을 듯 하다. ① 첫째는, 일상생활 속에서의 건강한 라이프스타일 유지이다. 이것은 꾸준하고 정기적인 육체적 활동/운동과, 일상의 여유 찾기로 시작된다. ② 두 번째는 식습관으로, 건강한 식단을 기본으로, 때로는 절제된 알콜 섭취를 포함한다. ③ 마지막으로는, 가족 등 사람들과의 교감 및 커뮤니티 참여를 통한 소속감을 갖는 것이다.

◆ 장수국가별 숨겨진 비결

그 다음으로는, 장수 국가로 알려진 나라의 지역 주민들의 삶을 관찰하면서 파악된 특화된 비결이다. 해당 소스에서 제시한 대표적인 장수국가별 오래 사는 분들의 삶 속에 감춰진 이야기는 다음과 같다.

장수국가	그들만의 비결
일본	▶ 소식 문화(적당량의 80% 섭취) ▶ 커뮤니티에의 적극적 참여, 스트레스를 줄이는 문화적 활동 참여
아이슬란드	▶ 좋은 식단(블랙티, 채소, 통곡물 등)
이탈리아	▶ 식물성 기반의 식단, 쾌적한 기후 ▶ 문화적 환경: 가족간 유대 중시, 다정한 친목모임, 긍정적 태도
그리스	▶ 지중해식 식단&규칙적 식사 ▶ 좋은 습관: 걸어서 일터 가기, 사회적 어울림, 낮잠자기 문화 등

세계적인 장수의 비결을 살펴보는 것은 매우 흥미롭다. 그리고, 그들 모두를 관통하는 유사한 패턴이 어렵지 않게 관찰된다. 장수마을로 알려진 지역에 거주하는 사람들은 일반적으로 그들이 육체적으로 활동적일 수 있도록 북돋워 주는 라이프스타일을 가지고 있다. 또한, 식물성 음식을 고기류에 비해 강조하는 식단을 가지고 있는 것이다. 그들의 가족과 커뮤니티와의 강력한 유대관계는 또 다른 공통 분모다. 더불어, 긍정적 태도를 권장하고 스트레스를 조절할 수 있도록 도움을 주는 문화를 가지고 있다.

[자료참고]
1. '9 lessons from the world's Blue Zones on living a long, healthy life'(Dan Buettner)
2. https://tedsummaries.com/2014/11/04/dan-buettner-how-to-live-to-be-100 외

◆ 그렇다면, 우리는?

정리를 하며 또 하나 흥미로운 점은, 대표적 장수국가 모두가 섬나라 또는 반도국가이거나 바다를 넓게 접하고 있는 지역에 있다는 것이다. 그리고 아이슬란드를 제외하면, 매우 온화한 기후를 가지고 있다는 것도 공통점이라 할 것이다. 이러한 의미에서 우리나라도 3면이 바다인 반도국가에 온화한 기후를 가졌기에, 장수할 수 있는 기본 물리적 환경을 잘 갖춘 곳이라는 점을 부인하기 어려울 것이다. 다만, 사회·문화적으로도 국민들이 행복을 느낄 수 있는 구조가 지원되어야, 진정한 장수국가로서의 대열에 올라설 수 있을 것으로 본다.

아래 우리나라 노인의 건강 통계 비율을 살펴보면, 친한 친구나 이웃과의 교류비율이 크게 하락하고 있음을 알 수 있다. 즉, 장수를 가능케 하는 중요한 팩터에서 문제가 있고, 그것도 악화되는 흐름에 있는 것이다. 잘 어울리는 사람, 행복한 사람들이 오래 살고 더 건강하다는 진리를 좇아, 스스로 더 어울리며 여유로운 삶을 사는 노력과 함께, 이를 가능케 하는 사회·문화적 성장과 범 정부적 지원을 고대해 본다.

〈참고〉 우리나라 노인의 건강 통계

◇ 친한 친구, 이웃과의 교류비율: 57.1%(2008년 72.6% 대비, -15.5%p)
◇ 복용하는 처방약 숫자: 평균 3.9개
◇ 앓고 있는 만성질환의 숫자: 2.7개
– 1개 이상 만성질환 보유비율: 89.5%, 3개 이상 만성질환 보유비율: 51.0%

[자료출처] 보건복지부 노인실태조사(2017)

생활 속의 오래 살기 비법 1: 물 마시기의 여유

대장암을 예방하기 위한 생활습관 중, 아침에 일어나자마자 냉수 한 컵을 마시라는 권고가 있었다. 아침마다 냉장고로 먼저 다가가는 것을 조금 귀찮게 생각할 수도 있어 이것을 지키기 어려운 분들도 있을 것이다. 그러나, 중대질병의 예방을 포함하여 물 마시기의 순기능을 고려한다면, 얼마나 가성비 높은 생활습관인가? 며칠만 수분을 접하지 못해도 쉽게 시들어 버리는 생물이 많은 것처럼, 우리의 몸은 늘 물을 요구하고 있다. 과도한 것도 문제이지만, 바쁜 생활을 핑계로 물 마시기를 조금 소홀하게 생각하는 것은 아닌지 돌아볼 필요가 있다.

◆ 물 마시기의 소중함: 다이어트+변비 예방+피로회복+노화방지
위에서 말한 것처럼 우리나라 사람들의 생활패턴은, 서양은 물론 많은 동남아시아 국민들보다 더 여유없이 사는 듯하다. 실제로 싱가포르 난양공대 대학원(MBA) 재학 시절 여러 동기 중에는, 싱가포르 출신의 수재들뿐 아니라 인도네시아, 캄보디아, 베트남, 인도 국적의 엘리트 출신이 많았는데, 졸업 후에도 그들은 열흘짜리 유럽여행을 연중 함께 다니기도 하고, 우리나라에도 가족과 함께 수시로 방문하는 등, 회사 일에만 쫓기지 않고 인생을 충분히 즐기는 듯한 인상을

주고 있다.

반면에, 나는 회사의 사정과, 장기 휴가를 선택하기 어려운 문화로 인해 한 번도 그들과 함께하거나 그들의 국가를 방문할 여유를 얻지 못했으니, 상대적으로 나와 우리나라 직장인들이 너무 여유없이 살고 있는 것이 아닌가 하는 생각을 하게 되었다. 여유가 없다 보니 미처 물 마실 시간도 없이 하루를 보내는 경우가 많다. 여러분들은 어떠한가?

우리 몸의 무려 70%가 수분으로 구성되어 있다고 하고, 이러한 물이 몸의 대사기능을 활발하게 해 주는 한편, 포만감 제공으로 다이어트에도 도움이 될 뿐더러, 변을 묽게 하기 때문에 변비 예방에도 도움이 된다고 한다. 조금 의외의 사실은, 물 부족이 피로 회복을 더디게도 하는데 피로 회복을 위해서는 체내의 노폐물이 원활히 배설되어야 함에도 땀, 소변의 주성분인 물이 부족하여 배설이 잘 이뤄지지 않기 때문이란다. 한편, 피부에서 수분이 빠져나감으로써 피부 노화가 진행되는 것이기에 물의 꾸준한 공급을 통해 노화를 줄일 수도 있다는 논리가 가능하다. 이래서 물 마시기가 중요한 것이다.

◆ 현명한 물 마시기: 일어나자마자&틈틈이 자주&1리터 이상
아래는 건강칼럼, 건강정보 등 여러 소스에서 공통으로 제시하는 물 마시기의 세부 요령이다.

- **일어나자마자**: 물은, 아침 공복상태에서 마시는 것이 좋다고 한다. 이는, 밤새 수분 섭취 없이 자연스런 대사를 통해 방출만이 있었기 때문이다. 즉, 줄어든 수분을 다시 채워 주는 것이다.
- **조금씩, 틈틈이(2시간에 한 번)**: 틈틈이 자주 마시는 것이 좋다고 한다. 일시에 많은 물을 마실 경우 혈액 속에 필요한 영양분(예: 나트륨)을 희석시켜 오히려 안 좋을 수도 있다고 하니 주의가 필요하다. 하루 중 깨어 있는 시간을 16시간 정도라고 하면, 매 2시간마다 조금씩 마시는 꼴이다.
- **하루에 1리터 이상을**: 성인이 소변 등을 통해 하루 배출하는 수분은 대략 2.4리터 수준이라고 한다. 식사 중 음식물을 통해 자연 섭취되는 수분량을 고려한다면, 하루 배설량의 50% 정도(500cc 생수 2통 정도)는 마셔 줘야 하는 것이다.

◆ 미세먼지 극복에도 좋은, '물 마시기'

최근, 뉴스를 보고 조금 놀라게 되었다. 연합뉴스 등 다수의 인터넷 기사 자료를 참조하자면, 점점 심화되고 있는 미세먼지에 의한 건강 관리 어려움을 전하며, 그 대처법 중의 하나로 '물 마시기'를 권하고 있다. 이는, 물을 많이 마심으로써 콧속 점막 수분을 유지하여, 미세 먼지를 배출하는 기능을 강화하는 한편, 촉촉해진 호흡기 점막으로 인해 미세먼지가 직접 호흡기에 영향을 주는 것을 막아 염증을 줄일 수도 있다는 것이다.

수분의 섭취가 늘어 혈액의 수분 함량이 증가하면, 몸속으로 유입된 미세먼지 농도가 낮아져 소변으로 배출되기 쉬워진다는 다소 복잡한 설명도 있다. 어쨌거나, 요즘 같은 반복되는 미세먼지의 불편함을 감안한다면, 두루 유용한 정보가 아닐 수 없다. 미세먼지가 와서 힘든 날, 수시로 물 마시는 여유를 갖자!

생활 속의 오래 살기 비법 2:
오래 앉지 않기

자동차 등 교통수단의 비약적 발달로 걷는 시간이 줄어들고, 인터넷, 컴퓨터, 스마트기기의 활성화로 앉아서 생활하거나 업무를 처리하는 시간이 증가해 왔다. 질병관리본부에 의해 2015년 실시된 「국민건강통계」에 따르면, 우리나라 성인남성의 경우 평균 8시간의 좌식생활을 하고 있다고 한다.

국내 심혈관 분야 최고 권위자 중 한 분인 고려대 구로병원 박창규 교수는 최근 신문지면을 통해 혈관 건강을 위한 여러 수칙 중의 하나로 하루 5시간 이상 앉아서 생활하는 습관의 탈피를 권장한다. 그 이유 중의 하나로, 장시간 좌식생활은 근육의 퇴화를 가져올 뿐 아니라 근육에서 포도당을 소모할 일이 없어져 잉여 포도당이 당뇨를 유발할 수도 있다는 것이다.

◆ 좌식생활의 위험성 1: 너무나 다양한 만성 질환 유발
미국 미주리대학 연구진이 좌식생활이 건강에 미치는 영향을 분석해 발표한 논문에 따르면, 좌식생활이 수십 가지의 만성질환을 유발하는 주요원인이 되는 것으로 알려진다. 또한 다수 건강의학 전문

가들의 의견을 종합해 보면, 장시간의 앉은 자세가 ① 척추나 골반에 압박을 줘서 디스크 등 근골격계 질환을 야기할 뿐더러, ② 상체와 하체간 혈액의 흐름을 방해하여 혈관 기능 저하와 중대 심혈관 질환 (심근경색 등)의 위험을 높이는 것이다. ③ 또한, 서두에 소개한 내용처럼 움직임의 저하로 당뇨, 대사증후군의 위험은 물론 심장병 발병 위험까지 키운다는 다수의 연구결과도 꼭 주목해 보자.

◆ 좌식생활의 위험성 2: 정신건강에 부정적

이에 더하여 장시간 앉아 생활하는 사람은 신체건강은 물론 정신건강에도 안 좋은 영향을 준다는 연구결과[71]가 주목할 만하다. 호주의 청소년 및 성인 등을 대상으로 한 설문 결과 장시간 좌식생활이 불안장애 발병 위험을 최대 35% 높이는 것으로 나타났다. 다만, 설문조사가 가진 한계로서 좌식생활과 불안장애의 구체적 상관관계에 대해서는 조금 더 연구를 통해 밝혀야 한다는 열린 결말을 두기는 하였다.

한편, 국가적 차원에서도 좌식생활의 위험성을 경고하는데, 영국 보건당국은 의료적 연구결과를 기반으로 의학저널(British Journal of Sports Medicine)을 통한 발표를 통해 오랜 좌식 습관이 당뇨와 심혈관 질환 발병위험을 2배 가까이 증가시킨다고 하며, 최소 하루 2시간

....
71   호주 Deakin University 행동역학자인 Megan Teychenne 교수가 BMC Public Health 에 발표 (2015.6.19., 「The association between sedentary behaviour and risk of anxiety: a systematic review」)

은 서 있으라는 권고 지침까지 내놓게 된다.

◆ 건강한 좌식 생활습관

직장인들이여. 헬스클럽에 갈 시간이 없다면, 내일부터라도 남의 눈을 의식하지 말고, 당신의 척추, 혈관, 심장, 당뇨, 뱃살에 모두 도움이 되는 손쉬운 생활 속 지침을 꼭 숙지해 두고, 과감하게 이행하기 바란다. 당신의 몸을 아끼고 사랑한다면.

- **좌식 습관에 대한 죄의식 갖기**: 오래 앉으면, 혈액이 아래 위로 순환하지 못한다는 강박이 필요
- **1시간에 최소 한 번씩 움직이려는 시도**: 한 시간에 한 번씩 의식 적으로 움직여, 혈액을 흐르게 하라
- **서 있기 습관&제자리 걸음**: 밖으로 나갈 수 없다면, 서 있기라도 해서 혈액을 순환시켜라. 그리고, 할 수만 있다면, 제자리에서 걸어라. 남의 눈을 의식하지 마라.
- **할 수만 있다면, 스쿼트(squat)**: 약식 스쿼트 동작(팔을 직각으로 겹친 후, 허리를 펴고 엉덩이를 빼어 의자에 앉은 듯한 자세를 취한 후 다시 일어서기)를 통해 하체를 단련할 수도 있다. 앞에서도 소개했지만 간 건강에도 효과적인 것으로 알려진다.

생활 속의 오래 살기 비법 3:
생활 습관 바꾸기

생활습관을 조금 바꾸는 것만으로도, '암'을 예방할 수만 있다면, 귀가 솔깃하지 않은가? 다양한 의료 관련 전문가가 방송에서 말해왔고, 최근 공중파 메인뉴스에서도 그 예방 비율까지 함께 보도된 내용이다. 즉, 담배를 끊는 것만으로도 일반 사망 위험을 30%나 줄일 수 있으며, 생선과 채소 등 섬유질 위주의 식생활 개선을 통해서도 대장암, 전립선암 등의 경우 최대 30% 이상의 예방효과를 볼 수 있다는 것이다. 암을 예방할 수 있다는 취지의 내용으로 방송이나 신문에서 접할 수 있는 유사정보가 너무나 많으니, 관심이 있다면 인터넷을 통해 충분히 찾아서 확인해 보기 바란다.

◆ '생활습관병'이란

현대 의학 용어 중, '생활습관병(Lifestyle related Disease)'이라는 것이 있다. 생활속에서의 반복된 습관이 병의 발생과 진행에 영향을 주는 질환군을 두루 이르는 것으로, 대표적인 생활습관병에는 '암'은 물론 '당뇨'와 각종 심혈관계 질환이 있다. 조금 더 살펴보면 동물성 지방섭취 등 육류 위주의 식습관은 대장암, 전립선암, 유방암 등의 발병위험을 높이고 짜게 먹는 식습관이 심혈관 질환의 발병위험을 키우는 식이다. 오랜 좌식 생활습관이 당뇨나 심혈관질환 등의 폐해를 낳는 것에 대해서는 이전 주제에서 살펴본 바 있다.

절제되지 않은 음주는 여러 암의 발병위험을 크게 증가시키는 것으로도 알려진다. 이에 더하여, 담배를 멀리하는 것(간접흡연까지도)은 너무나도 긴요한 항목인 듯하다. 흡연은 각종 암의 발병위험과 심혈관 질환, 당뇨, 대사증후군 등 거의 모든 질병의 위험인자로서 깊이 또아리를 틀고 있다. 앞에 언급한 것처럼, 담배를 끊는 것만으로도 암으로 인한 사망위험을 30%나 줄여 준다는 연구결과를, 꼭 한번 믿어 보라.

◆ 미세먼지의 시대: 적극적 생활습관이 필요한 시대

더불어, 최근 2~3년간 급격히 악화되고 있고, 계절을 가리지 않고 찾아오는 미세먼지의 습격을 대하는 일상적 태도에서도 적극적 생활습관이 요구되는데, 사람의 호흡기 질환, 심장 질환 등 건강에 치명적 영향을 주는 미세먼지의 습격이 예보된 날에는, 적극적으로 미세먼지용 마스크를 착용하여 먼지입자의 흡입을 최소화하되, 바른 사용 수칙(예: 방진성능이 검증된 KF 인증제품 사용, 가급적 하루만 쓰고 교환하기 등)을 지키는 습관이 그것이다.

대한민국의 문화에는, 길거리나 공공장소 그리고 버스, 지하철에서 먼지차단용 마스크를 적극적으로 착용하는 모습을 대함에 조금 야박한 부분이 있음을 부인하기 어렵다. 그러나, 미세먼지 입자의 흡입이 초래하는 치명적 작용을 고려한다면, 스타일이 좀 구겨지면 어떠랴. 건강을 위해서는 체면은 조금 내려놓는 것이 좋겠다.

　마지막으로, 앞에서도 말했지만 '물'을 자주, 충분히 마시는 것만으로도 미세먼지의 부작용을 줄이는 데 적지 않은 도움이 된다고 하니, 꼭 기억해 두고 실천해 보기 바란다.

〈생활 속 의학 상식〉 생활습관 vs 생활습관병 관계

구분	나쁜 생활습관	(영향을 받는) 생활습관병	좋은 생활습관
식습관	동물성 지방 섭취	**심혈관 질환** (고혈압, 심근경색, 뇌졸중)	채소/과일, 생선 섭취
		암 (유방암, 대장암, 전립선암 등)	
	짜게 먹기	**제2형 당뇨, 고혈압, 심혈관 질환, 위암 등**	싱겁게 먹기
근무 패턴	장시간 좌식 근무	**제2형 당뇨, 심혈관 질환, 암 발병 위험**	제자리 걷기, 계단 걸어오르기
생활용 보호구 착용습관	마스크 등 안전습관 경시	**췌장암, 후두암, 호흡기 질환, 심장 질환**	보건용 마스크 적극적&올바른 착용
음주 /흡연	흡연	**악성종양** (특히, 폐암/후두암/식도암/ 구강암/위암/췌장암)	절연, 금연
		심혈관 질환	
	음주	**악성종양** (특히, 간암/후두암/식도암/ 구강암/유방암)	절제된 음주 (남 2잔/여 1잔)

IV-3
오래 살기 수칙: 생활 속 질병 탐구

앞장의 마지막에 언급한 '생활습관병'처럼, 예전에 들어본 적이 없는 의학용어가 근래 들어 많이 등장하고 있다. 모든 신문은 건강과 헬스와 관련 전문기사를 거의 매일같이 쏟아내고, 방송도 마찬가지이다. 이 중 방송에서 소개하는 의학정보는 깊이보다는 흥미로운 정보의 나열에 집중하다 보니, 조금 극단적이기도 하고 어떠한 것은 굳이 몰라도 실제 생활에는 큰 지장이 없는 내용도 있다.

아무리 유용한 정보라도 넘치게 되면 우리의 기억력은 한계를 느끼게 된다. 또 어떠한 정보는 그 전달보다는 경고에 치중하다보니, 어설프게 들으면 오히려 건강염려증[72]과 같은 부작용을 낳기도 한다. 특히나, 고령층에게서의 건강염려증은 죽음에 가까워질수록 오히려 삶에 대한 집착이 더 강해져 나타나기도 하는 마음의 병이라 한다.

이러한 정보의 홍수 속에서 건강 생활에 도움이 되고, 나와 가족의

....
72   건강염려증(Hypochondriasis): 특정 질환의 증상과 유사하지만 경미한 징후만으로, 스스로가 그 질병에 걸려 있다고 믿게 되는 질환.

무병장수에 도움이 되는 정보를 골라서 받아들이는 직관이 약간은 필요하다. 그렇다면, 정보 과잉의 세상에서 조금 더 의미 있는 정보는 어떤 것일까? 이 장에서는 조금 생소하지만, 알아 두면 좋을 몇 가지 생활 속 질병에 대해 찾아보고 정리한 내용을 공유하고자 한다.

생활 속 질병 1:
대사증후군(Metabolic Syndrome)

2018년 여름. 해마다 받아오던 건강검진을 이전과 같은 의료기기관에서 받았다. 국내 최고수준의 건강검진기관에서의 검진을 기반으로, 회사 헬스케어 위탁기관에서 검진 완료 후 2개월이 된 시점에 문자 하나를 보내오게 된다. '대사증후군'! 상당한 관리가 필요하다는 무서운 경고와 함께.

나이는 속일 수 없나보다. 뭐 대수겠어……라는 생각으로 시작했지만, 대사증후군이 당뇨와 관련이 있다는 사실과, 생각보다 위험한 질병이라는 인터넷 검색결과를 보고 조금씩 불안해지기 시작한다. 40대 후반의 남성들에게 갑자기, 훅 다가오는 경고. 대사증후군에 대해 조금 더 알아보기로 했다.

◆ 대사증후군의 정의, 원인

증후군[syndrome]이란, 여러 종류의 병명에서 쓰이게 된다. 예를 들어 '에이즈'도 후천성 면역결핍증[Acquired immunodeficiency syndrome]이라고 하여, 증후군이라는 명칭을 달고 있다. 즉, 증후군이란 특정 질병이나 정신적 상태의 존재를 보여 주는 의료적 문제(징후)들의 결합[73](그룹)을 의미한다. 따라서, 대사증후군이란 사람의 몸에서 여러 가지 신진대사와 관련된 질환이 함께 동반된다는 의미에서 만들어진 용어로, 높은 중성지방, 낮은 고밀도콜레스테롤, 높은 혈압 및 높은 공복 혈당 등 각종 성인병이, 복부비만이라는 표면적 증상과 함께 동시에 나타나는 상태를 이르는 말이다.

〈대사증후군의 판단〉5개 항목 대사 위험요인으로 판단: 3개 이상 해당 시

5개 항목의 대사 위험요인 ▲ **복부비만**(허리둘레: 남자 90cm 이상, 여자 80cm 이상) ▲ **높은 혈압**(130/85 이상) ▲ **공복혈당** 100mg/L 초과 ▲ **중성지방** 150mg/dL 이상 ▲ **HDL 콜레스테롤** 40mg/dL 미만(여성은 50 미만) 중 3개 이상인 경우를 대사증후군으로 분류한다.

대사증후군은 인슐린(혈당을 낮추는 역할의 호르몬) 저항성[74]이 주요 유발 요인이 되는 것으로 알려진다. 복부비만으로 쌓인 내장지방은 혈압을 상승시키기도 하지만, 그 내장지방이 분비하는 물질은 인슐린의 작용을 방해하여 인슐린 저항성을 강화하게 되고, 이에 따라 혈당 상승 및 당뇨의 위험을 높이는 것이다.

◆ 대사증후군의 위험성과 치료

대사증후군은, 여러 지표를 가지고 종합적인 판단을 하기 때문에

------

73   개념 정의는 Cambridge Dictionary 참조.
74   인슐린 저항성(resistance): 인슐린의 기능 저하로, 포도당을 제대로 연소시키지 못하는 상태.

크게 경각심을 갖지 않는 경향이 있는 듯하다. 나 역시 건강검진에 의한 진단이 나온 이후에도 두드러질 정도로 생활패턴을 바꾸지는 못하였다. 그럼에도, 대사증후군을 진단받은 자를 기준으로 뇌졸중 및 심혈관계 질환의 발생률이 크게 증가하는 것으로 알려져 있고, 대사증후군 환자는 정상인 대비 당뇨병이 발병 확률이 3배 이상 증가하는 것으로 알려져 있다.

대사증후군에 대한 가장 중요한 치료는 복부비만과 내장지방을 줄여 당뇨와 심혈관질환을 예방하는 것이다. 이를 위해서는 **균형 잡힌 식사 및 규칙적이고 꾸준한 운동**이 가장 중요하다고 한다.

- **균형 잡힌 식사**
- **규칙적 운동&체중 관리**
- 유산소 운동(걷기, 조깅, 자전거, 수영, 줄넘기 등)
- 일주일에 최소한 3번 이상
- 앉아서 일하는 습관 타파, 제자리 걷기
- **금연&절주**: 더 이상 무슨 말이 필요한가?

대사증후군 진단을 받은 경우 식습관 개선 및 운동을 통해서도 혈압 및 혈당이 안정수치에 도달하지 않으면, 각각의 질환에 대하여는 처치가 이루어져야 한다. 간과하거나 지나치지 말고 관리해야, 더 큰 병으로의 진전을 막을 수 있을 것이다. 나부터 제대로 해 봐야겠다.

생활 속 질병 2:
우울증_감출 것인가, 드러낼 것인가?

갑자기 찾아온 심한 우울감에 젖어 본 적이 있는가? 나도 30대 중반의 언젠가, 직장에서의 급격한 변화와 함께 실연의 아픔이 동시에 찾아왔을 때, 며칠간 지속되는 우울감이 점점 무거워져 감을 느꼈고, 의사의 진료를 통해 그것이 질병으로서 치료받을 필요가 있는 것인지를 알아봐야 하겠다고 느끼게 되었다.

당시, 경증 우울증 진단을 받은 후 이내 극복하게 되었지만, 주위의 얼마나 많은 사람들이 우울증으로 고생하고 있고, 그들이 가진 질병을 선뜻 꺼내기 어려운 사실과, 그 치유가 매우 더디다는 것을 직접 보고 배웠다. '우울증', 아직도 남들에게 거리낌 없이 공개하는 것이 쉽지 않은 질환이다. 신경정신과적 질환에 대한 선입견이나 편견이 여전한 사회적 분위기가 있기 때문이다. 그 불편한 질병에 조금 알아보자.

◆ 우울증의 치료
'우울증'은 단순히, 일시적인 기분저하 상태나 우울한 느낌을 의미하는 것은 아니고 의욕, 동기, 생각의 내용, 신체 활동 등 개인의 전반적인 신체기능이 저하된 상태를 이르는 것이라 한다. 이는 사업실패,

실연, 질병 등 드러나는 환경적인 요인뿐 아니라 뇌신경전달물질의 불균형이나 호르몬 이상 등 생화학적 요인에 의해서도 발병하는 것으로 알려진다.

우울감이 2주 이상 지속된다면 개인 고유의 정신적 고통을 견디기 힘든 단계로 이어지게 되고 이로 인해 사회생활이나, 가정에서의 부적응을 유발하게 될 것이다. 즉, 치료가 필요한 경계에 서게 된다. 통상의 약물 치료제인 항우울제는 투여 후 일정기간이 지나야 효과가 나타나며, 처방 용량을 충분한 기간 사용해야 하고, 증상이 호전되어도 6개월 정도 약물 치료를 계속하는 것이 재발 방지에 도움이 되는 것으로 알려진다.

◆ 우울증 약[항우울제, antidepressants]의 복용법

신경전달물질(Neurotransmitters)은 우리의 뇌와 몸 전체에 정보를 전달하는 뇌 화학물이고, 우울증의 약물치료용 항우울제는, 뇌에서 기분과 관련된 신경전달물질들의 불균형을 조절하여 우울증을 완화시키는 작용을 하는 것으로 알려져 있다. 항우울제 내 화학물질은 서로 다른 방식으로 영향을 주게 되는데 이것이 여러 종류의 항우울제가 존재하는 이유이다. 통상은 환자별 특성에 잘 맞는 약제를 찾을 때까지 여러 타입의 약제를 복용해 보게 된다. 어느 약제를 먼저 복용하고 어느 시점에 바꿀 것인지는 복용 경험을 기반으로 담당의와 지속적으로 상의해서 결정해야 한다.

가장 대표적인 약제로 알려진 ① 삼환계[75] 항우울제는 3개의 뇌 화학물(세로토닌, 노레피네프린, 도파민)에 작용하여 중추신경계에 영향을 미치는 체계의 약제이고, ② 선택적 세로토닌 재흡수 억제제는 '세로토닌'이라는 뇌화학물에 작용하는 약제이다. 비슷한 구조인 ③ 세로토닌노르에피네프린재흡수억제제는 뇌의 2가지 화학물(세로토닌,노레피네프린)에 영향을 주는 약제이다. ④ 모노아민산화효소 억제제는, 다른 약제가 효과가 없을 때 최후의 수단으로 활용하는 약제라 한다.

각 항우울제는 각각 다양하고 광범위한 부작용을 수반할 수 있다. 따라서, 항우울제의 복용시에는 그 부작용의 발현에 대해 본인이 잘 관찰하여, 부작용을 최소화하되 우울 완화기능을 가져올 수 있는 약제의 선택에 있어 본인의 복용 경험이 매우 중요하다.

〈참고〉 항우울제의 종류 및 부작용 유형

종류	특징	대표 약재	부작용 유형
삼환계 항우울제	• 3개 뇌화학물질(세로토닌,노레피네프린,도파민)에 작용 • 가장 오랜 타입의 약제 • 사용감소 추세	아미트리프틸린, 아목사핀, 데시프라민, 독쎄핀 등	변비, 입마름, 배뇨장애, 피로감

....
75   화학적 분자구조가 3개의 고리로 되어 있어, 「삼환식」이라 불리운다.

선택적 세로토닌 재흡수 억제제 (SSRIs)	• 세로토닌이라는 뇌 화학물에 작용 • 통상 처음으로 처방하는 약제 & 부작용이 적은 편 * 공황장애 등 환자에게도 처방	플루옥세틴, 파록쎄틴, 다폭세틴, 시탈로프람, 에스시탈로프람 등	메스꺼움, 식욕 저하, 입마름, 두통, 불안, 수면장애
세로토닌 노르에피네프린 재흡수억제제 (SNRIs)	• 뇌의 2가지 화학물 (세로토닌, 노레피네프린)에 영향	벤라팍씬, 둘록쎄틴, 아토목세틴 등	메스꺼움, 식욕 저하, 불안, 수면장애, 입 마름, 변비, 성기능 장애
모노아민 산화효소 억제제 (MAOI)	• 모나민이라는 뇌 효소에 작용 • 다른 약제가 효과가 없을 때 최후 수단으로 활용	모클로베미드, 페넬진, 트라닐시프로민, 셀레질린 등	허약/심약, 어지러움, 두통, 불면

[자료 참조] https://familydoctor.org/types-of-antidepressants 외

◆ 우울제 복용시 필독 사항: 임의로 중단하지 않기

다시 말하자면, 항우울제는 약물의 효과가 나타나는 데 시간이 걸리므로 증상이 개선되지 않는 느낌이 들더라도, **의사와 상의 없이 임의로 복용을 중단하지 않아야 한다는 것**이다. 복용을 임의중단으로 우울증이 재발하거나 금단증상이 발생할 수 있으므로, 투여를 중단하더라도 서서히 줄여 나가는 방식으로의 조절이 필요하다고 한다.

생활 속 질병 3:
치주 질환(풍치)

우리나라 성인의 상당수가 '풍치(風齒)'라는 잇몸병을 앓고 있다고 한다. 이빨에 바람이 들어간다는 의미인가? 그러나 단순히 바람이 들어가는 그저 그런 질환이 아니란다. 젊은 시절에는 충치가 문제가 되지만, 나이를 먹을수록 풍치라고 불리는 잇몸(치주) 질환에 의해 이가 손상되는 것으로 알려진다. 통계로는 성인의 대다수가 넓은 의미의 '풍치'로 분류할 만한 잇몸질환을 앓고 있다고 한다.

◆ 풍치(치주질환)의 개념과 진행과정

풍치는 치아 주위 조직의 염증으로 인해 이(teeth)를 지탱해 주는 뼈 구조물(치조골)이 파괴되는 질환으로, 다소 혼용되어 사용되지만 치주질환, 치은염 또는 치주염[periodontitis]과 거의 같은 개념인 듯하다. 영어사전에서는 만성치주염[Chronic periodontitis]으로 바꿔 번역되기도 한다.

풍치가 만들어지는 로직을 살펴보면, 잇몸 근처의 이(teeth) 뿌리에 **프라그**(plaque, 이의 표면에 생기는 세균 덩어리)가 고여 **치석**이 만들어지고, 치석이 쌓이면 치석 속 세균이 방출하는 성분으로 인해 잇몸에 염증이 생긴다. 이런 염증에 대한 적절한 치료가 이루어지지 않으면 잇몸이 붓고 피가 나는 치은염의 단계에서, 잇몸이 내려앉아 치아가 흔들리고, 심한 경우 잇몸 뼈가 붕괴되어 이빨이 빠지는 상황(치주염)으로 발전하는 것이다. 한편, 사람마다 치주질환을 가속화하는 여러 요인들이 존재하는데, 그중 대표적인 것이 '유전적 요인'이라고 한다.

◆ 치주질환 예방법: 이 잘 닦기&잇몸 닦기 & 스케일링

이러한 치주염의 또 다른 문제는 음식을 씹기 어려워져 소화불량이 흔해지거나, 씹기 편한 것으로 음식을 골라 먹게 되면서 영양분이 충분히 공급되지 못하는 상황을 초래하는 것이다. 따라서, 치주염이 야기하는 여러 부작용을 피해가기 위해서는, 초기단계에서부터 치은염을 극복하는 노력이 너무 중요하다. 치과 의료 전문가들이 공통적으로 권하는 건강한 치아 관리습관은 크게 ① 현명한 이 닦기를 통한 프라그 관리 및 ② 정기 스케일링을 통한 치석 관리가 대표적이다. 이 두 가지라도 철저하게 지킨다면, 최소한 남들보다 치주질환의 정도를 낮추고 도래시기를 늦출 수 있다는 것이다.

아래 정리한 다수의 치과 의료전문가가 두루 권장하는 현명한 이 닦기 요령을 참조해 보자. 이중, '혀 닦기'와 '잇몸 닦기'는 저자가 실제로 실천해 본 결과 상당한 효과가 있음을 경험해 보았다.

〈생활 속 의학 상식〉현명한 이 닦기 요령

◇ 3(하루 3회 이상)/3(3분 이상)/3(식사 후 3분 이내) **규칙 준수**
◇ **좋은 칫솔을 사용하라**: 칫솔을 사고 바꾸는 데 돈을 아끼지 말라
◇ 현명한 치약 장전: 치약을 눌러 짜 솔 사이에 치약이 들어가도록
◇ 현명한 칫솔 방향: 잇몸에서 치아 쪽으로
◇ **혀 닦기**: 세균 제거&냄새 방지(혀)
◇ **잇몸 닦기**: 염증완화, 치주질환 예방에 도움

◆ 치과 가기: 늦었다고 생각할 때는 늦은 것이다

우리가 치주 관련 질환을 키우는 가장 큰 원인은 바로 치과를 두려워하는 근원적 거부감이라 생각한다. 평소에 잇몸이 부어 있다거나, 양치 시 출혈이나 이 시림 현상 등의 증상을 보인다면, 설령 아프지 않더라도, 치은염의 단계에 이미 접어들었고 치료를 시작해야 한다는 인식이 필요하다. 이빨 치료! 나도 그렇지 못했지만, '호미로 막을 것을 가래로 막는 상황'은 만들지 않아야 겠다. 미리미리 찾아 가자. 결국은 대부분의 우리에게 찾아올 풍치에 소요되는 시간과 돈을 아낄 수 있다.

[치주질환 추가정보] 보철 치료 종류

치과가 부담스런 또 하나의 이유는, 그 소중한 이빨의 재건에 들어가는 막대한 비용 때문이 아닌가 싶다. 특히, 2개 이상의 속니를 동시에 치료받는 경우 1백만 원에 가까운 비용이 소요되기도 했던 것 같다. 어느덧 40대 후반의 나는, 웃거나 말할 때 서너 개의 금니가 언뜻 비치는 작은 수모를 경험하게 된다. 그러나 우리가 모르는 사이, 보철 재료에 있어서도 기술의 비약적 발전이 이루어졌고, 그 난공불락의 아성을 지녔던 '금'이 서서히 퇴장하고 세라믹이라는 새로운 물질이 보편화되고 있는 듯하다. 재료의 원가가 줄어듦에 따라 재건비용의 부담이 충분히 줄었다고 느끼시는가? 만일, 그렇지 않다면 그것은 보철재료의 가격 외에도 비즈니스적 관점에서, 치과병원이 모두 말해 주지 못하는 속사정이 있다고 생각한다.

◆ 보철의 종류: 누구도 나서서 말해 주지 않는

이 장에서는, '보철 가격의 진실', 이런 것을 다룰 수는 없고, 다만 우리가 별 다른 저항 없이 치과가 권유하는 보철재료를 우리의 몸에 받아들임에 있어, 보철재료의 종류와 그 장단점에 대해 조금 알아보는 기회로 삼고자 한다. 아래의 표는 우리가 많이 들어본 크라운 보철재료에 어떠한 것이 있고, 그 세부종류별 정체와 그 장단점에 대해 비교해 본 것이다. 밝혀 두건데, 이러한 자료는 관련 의료서적에서 기술되는 성격은 아니기에, 여러 치과의료 전문가들이 다양한 블로그를 통해 공개한 내용을 기반으로 하되, 전문가간 의견이 크게 상충되는 부분을 제거하여 나의 기준으로 나름 검증하여, 취사 선택한 결과물이다.

〈참고〉 주요 세라믹 보철재료 비교

이름	기본설명	세부설명(장/단점)
세라믹 (=세라믹 크라운)	• 인체에 해가 없다고 알려진, 바이오세라믹 재질	• 앞니에 많이 사용 • 심미성 최고 (자연치아와 가장 유사) • 내식성, 내구성 우수
지르코니아 (=지르코니 아크라운)	• 치아의 강도에 적합한 것으로 알려진 화학적 합성물 • 매우 단단	• 내구성 우수, 높은 강도 • 어금니에 많이 사용 • 심미성 좋은 편 • 금보다 저렴&PFM보다 고가
금 (=골드 크라운)	• 알려진 부작용 적고, 금속의 단단함 * 통상 합금(20~22K)	• 강도 우수 • 알려진 부작용이 적음 • 고가(금)&심미적 부담
PFM (=PFM 크라운)	• 내부 금속, 겉은 도자기 • 금속성 뼈대 위에 포세린(도자기)을 씌우는 재료	• 가격 저렴 • 강도가 강하지 않음 • 잇몸이 검게 보임 등 단점

◆ 치과 보철: 조금 아는 게 힘이다

우리가 환자로서 이러한 보철재료에 대해 관심을 가져야 하는 이유는, 치과치료에 때론 감당하기 어려운 수준의 비용이 소요되고, 그 중에서도 보철로 인한 비용이 유독 받아들이기 어려운 경우가 많기 때문이다. 아마도 여러분의 대부분은, 보철재료의 색깔과 다른 이빨과의 이질성, 그리고 전체 치료에 소요되는 비용 정도에만 관심이 집중되었을 것이나, 앞으로는 조금 알아 두고 의사나 상담요원과의 견적 논의과정에서 활용한다면, 분명 도움이 될 것이다.

다음으로는, 흔히 '씌우는' 단계가 도래하기 직전의 단계. 즉, 충치가 시작되고 어느 정도 진전된 단계에서의 1차적 보철재료에 대해서도 간단히 정리해 보았다. 아래의 박스를 참고해 보자.

〈기타 보철 재료〉 '아말감'과 '레진', '인레이'

◇ **아말감**(amalgam): 수은과 구리, 아연 등을 이용한 합금으로서, 과거에는 치아의 치료에 널리 사용되었으나, 값싼 재질이 가진 한계 및 치아 색과의 차이 등 단점으로 사용이 줄어드는 추세라고 한다.
◇ **레진**(resin): 충치의 초기단계 치료에 많이 사용되는 혼합물질로, 고강도를 필요로 하는 치아용 보철재로로 많이 활용되었다. 오랜 사용시 치아 표면의 변색 등이 단점으로 알려진다.
◇ **인레이**(Inlay): 크라운 등으로 씌우기 직전 단계에서 사용되는 것으로 충치의 진행 부위를 제거하고 빈 공간에 치아 모양의 보철을 제작하여 끼워 넣는 것으로서 다소 진행된 충치 치료에 사용된다고 한다.

생활 속 질병 4:
디스크(추간원판탈출증)

'디스크(disk)[76]'란 '추간(원)판탈출증'이 본래의 명칭이라고 한다. 의사들이 이러한 전문용어를 종종 사용하기 때문에, 일반인들은 그것이 디스크와 다른 것으로 오해하는 경우도 있다. 풀어 보면, 척추 뼈 사이에 존재하는 탄력성 있는 연골조직이 미끄러져 나와서 척수를 압박하는 현상을 말하며, 영문명으로는 'Protruded Disk'. 즉, '삐어져 나온 디스크'로 설명할 수 있겠다.

척추(spine)는, 하나의 건물이 그 기본 골격의 완성으로 시작하듯 우리 몸의 기본이 되는 중심추로서, 목에서 시작하여 꼬리 부분에 이르기까지 주요 골격을 유지하도록 하는 뼈대로서, 총 33개의 뼈로 구성[77]된다. 사람에는 7개의 경추(목뼈), 12개의 흉추(가슴뼈), 5개의 요추(허리뼈), 5개의 천추(엉치뼈), 4개의 미추(꼬리뼈)가 존재하는 것이다.

....

76   영어사전에서 '디스크(disk)'는 사람의 척추 뼈 사이에 있는 연골조직으로서 강하고 탄력이 있는 조직이다. 〈Cambridge Dictionary〉
77   성인이 되면서 천추와 미추가 각각 하나로 합쳐져, 총 26개의 척추 뼈로 된다.

〈척추의 구성과 모양새〉

척추의 구성	척추의 모양

• 척추는 33개의 척추 뼈로 구성
  - 경추 7개
  - 흉추 12개
  - 요추 5개
  - 천추 5개(성인되면 '천골')
  - 미추 4개(성인되면 '미골')	

◆ 목디스크(=경추추간판탈출증)

'경추'란 척추 윗부분의 일곱 개의 뼈로, '목등뼈'라고도 하며 머리의 회전이나 끄덕임 등을 담당한다. '추간판'은 척추 뼈 사이를 연결해 주는 연결조직(=disk)으로 척추의 운동과 충격을 완화시켜 주는 역할을 한다. '목디스크'란 바로 이 경추 부분에서 발생하는 디스크인 것이고, 주요 증상으로는 신경 압박에 의해 목과 그 부위인 어깨, 회전근, 승모근에 나타나는 통증이고, 나아가서 팔이나 손가락 끝으로까지 불편함이 이어지기도 한단다.

<참고> 디스크의 일반적 진단방법

종류	진단방법
목디스크	• 약한 단계에서는 X-ray(다양한 각도에서 촬영)만으로도 가능하고, 정밀한 진단을 위해서는 CT, MRI 등을 이용하게 된다
허리디스크	• 누운 상태에서 다리를 들어올리는 방법 등으로 다리 뒤로 통증이 있는지를 살피는 진단과 함께, X-ray, CT 등 추가적인 검사로 확진하게 된다.

목이나 어깨, 회전근 부위가 아프거나 불편해도 참고 넘기는 경우가 많아 목디스크 증상을 키우는 일이 흔하다고 한다. 나 역시도 금번 작업과정에서 어깨의 뻐근함을 계속 방치하다 목이 너무 아파서 몸을 움직이기조차 어려운 순간이 온 경험이 있다. 목 디스크 방치 시 전신 질환으로 발전할 수 있는데 이는, 경추 부분이 뇌와 직접 연결된 혈관과 신경이 지나는 통로이기 때문이란다.

◆ 허리디스크(=요추추간판탈출증)

목디스크보다 오히려 빈도가 높은 질환으로, 요추 부위 추간판이 돌출되어서 발생하며 허리는 물론, 골반 주변과 다리, 장딴지 부위의 통증을 유발한다. 허리 아래로도 통증이 생기는 이유는, 디스크가 허리 아래로 내려가는 신경을 압박하기 때문이라고 한다.

골반이나 다리 및 장딴지가 당기거나 아플 때, 가장 먼저 허리 디스크를 의심해 보아야 한다. 1장에서 개인적 경험을 기술한 바와 같이,

잘못된 의료진을 만날 경우 허리 디스크 진단을 지연시켜 적절한 치료시기를 놓치게 되고 금전적으로나 시간적으로 상당한 낭비를 초래한다. 또한, 비슷한 증상만으로 지레 판단하지 말고 좋은 병원을 찾아 정확한 진단을 받아 두어야 한다. 그것이 디스크 치료의 시작이자 전부일 수 있다.

◆ 척추디스크의 예방법

직장이나 여가시간 중 올바른 생활습관이 척추디스크 예방에도 도움이 된다고 한다. 아래의 팁(tips)를 살펴보고 조금씩 실천해 보자.

- **좋은 의자**: 등받이가 있고, 약간 딱딱한 의자가 좋다
- **올바른 앉기**: 엉덩이를 깊숙이, 허리는 세워 등받이 밀착
- **자주 스트레칭&자주 일어나서 걷기**
- **천천히 걷기&꾸준한 운동**(수영, 자전거가 좋다고 함)
- **충분한 수면**
- **커피, 탄산음료 자제**

생활 속 질병 5:
관절염

우리의 부모 세대 대부분이 경험해 보셨을 질환이자, 우리나라 55세 이상 인구의 약 80% 이상이 앓고 있는 질환이다. 아마도, 40대의 건강한 사람에게는 잘 와 닿지 않는 것일 수도 있겠으나, 50대에 접어들면서 물렁뼈에 변화가 가속화되고 관절의 퇴화가 시작되면서, 죽는 날까지 관절의 통증으로 인한 엄청난 고통을 참아내야 하는 것이 고령화 시대 인간의 숙명인 것이다.

◆ 관절염[arthritis]이란 ?

우리 몸에는 백 개가 넘는 관절이 존재[78]한다고 하고, 관절은 연골, 근육, 힘줄, 인대 등으로 구성된다고 알려진다. 이러한 관절에 문제가 생겨 통증이 생기는 것을 '관절염'이라고 하는데, 이 관절염에도 크게 두 종류가 존재한다. 이 중, '퇴행성 관절염'은 관절의 오랜 사용에 의한 노화로 생기는 것으로서 연골이 닳아서 생기는 것인 반면, '류머티스 관절염'은 자가면역(autoimmunity)질환의 일종으로 면역세포가 관절을 공격해서 생기는 것으로 알려진다. 두 가지의 관절염은 그 발생 원인이 다르므로 치료의 방법에도 차이가 생길 수밖에 없는 것이다.

....
78 자료에 따라 다른데, 140여 개로 설명하는 자료도 있고, 200개가 넘는 것으로 설명하는 자료도 존재한다.

◆ 관절염의 유형별 원인

연골조직(Cartilage)은 관절 사이를 연결하는 탄력성이 있는 조직으로서, 우리가 걷거나 움직일 때의 압력과 충격을 흡수함으로써 관절을 보호하게 된다. 이러한 연골조직의 양이 줄어드는 것이 여러 관절염을 야기하는 주요 요인이 된다고 한다.

• **퇴행성 관절염**(Osteoarthritis, OA): 연골조직의 오랜 사용으로 닳거나 찢기는 경우 또는 그 부위에 감염이 있는 경우 퇴행성 관절염을 야기하게 된다고 알려진다. 즉, 관절에 생긴 상처와 감염이 연골조직 세포의 자연적 퇴화를 가속시키게 되는 것이다. 의외인 것은, 이 질환에 있어서도 가족력이 있는 경우 발병위험이 높아진다는 것이다.

• **류머티스관절염**(Rheumatoid arthritis, RA): 이 유형의 관절염은 자가면역의 이상증세(autoimmune disorder)로서, 면역체계가 무너지면서 우리 몸의 면역시스템이 되려 우리 몸의 세포를 공격함으로써 발생하는 것으로 알려진다. 이러한 공격은 관절에 윤활유의 기능을 하고 연골조직에 영양분을 공급하게 하는 조직인 활액막(윤활막)에 염증을 유발하는 등 나쁜 작용을 한다. 즉, 류머티스 관절염은 윤활막에 염증이 생겨 발생하는 질병으로서, 이것이 관절을 침투하고, 진화가 되어 연골 등의 파괴로 이어지게 된다.

◆ 관절염의 증상

통상, 퇴행성 관절염은 65세 이상의 노년층에 많지만 일반 성인은 물론 청소년에게도 나타날 수 있단다. 남자보다 여성에게 더 흔하고, 과체중자에게 더 많이 생기게 된다. 주로 무릎, 어깨, 고관절, 발목 등 여러 관절 부위에 발생할 수 있는데, 특히 무릎 부위와 어깨 관절 주위 근육(회전근)에 가장 많이 발생하는 것으로 알려진다.

반면, 류마티스 관절염은 그 근본 원인이 밝혀지지 않은 자가면역 질환이기에 특정한 나이를 가리지 않으며, 통상 발병 초기부터 손가락, 손목, 발가락 등에서 통증이 시작하고 붓는 증상이 많고, 병이 진전에 따라 발목 관절, 어깨 관절, 무릎 관절 등으로 아픈 영역이 점차 넓어지게 된다. 이 질환은 관절부위 통증 이외에도 면역시스템이 유발하는 염증으로 인해 피로감, 식욕감퇴 증상을 호소하기도 하고, 빈혈이나 미열의 증상을 보이기도 하는 것으로 알려진다.

〈참고〉 관절염의 증상 비교

퇴행성 관절염	류마티스 관절염
▶ 흔한 증상 :관절 통증, 관절 경직, 붓는 증상 ▶ 팔, 다리 움직임의 범위 좁아지고 둔화됨	▶ 관절의 통증, 부종(붓는 증상) ▶ 피로감, 식욕상실 ▶ 빈혈 ▶ 미열

[자료 출처] www.healthline.com/health/arthritis-diagnosis 외

◆ 관절염 예방 수칙

퇴행성 관절염은 노화에 의해 자연적으로 발생하게 되어, 노년기에는 어느 누구도 피해가기 쉽지 않은 질환이다. 다만, 정상체중 유지 및 건강 식단을 지키려는 노력과, 일상생활 속에서의 습관 개선을 통해서도 어느 정도는 예방할 수 있다고 하니, 아래의 바른 생활습관을 꼭 한번 살펴보고 실천해 보기 바란다.

- **바른 자세로 앉기**: 쪼그려 앉지 않기, 양반다리 않기
- **의자 바로 앉기**: 앉을 때 깊숙이 허리를 펴서 똑바로 앉기
- **적당히 걷기**: 매일 조금씩(5~10분 정도) 빠르게 걷기
- **잦은 스트레칭**: 틈날 때마다

◆ 관절염 환자에게 필요한 노력: 생활습관 변화

이미, 관절염의 증세로 진단받은 분들은, 생애 동안 걷거나 일어서기의 기본적 불편함 등의 아픔을 감수해야 하고 그 증세의 악화와 염증의 진전을 막기 위한 적지 않은 노력을 해야 한다. 이미 시작된 관절염을 극복하기 위해서는, 무엇보다 관절을 자주 움직이는 식으로 관절 주변 근육을 강화하는 것이 좋다고 한다. 더불어, 무조건적인 감량보다는 적당한 근육을 키워 체질 자체를 강화하는 것이 권장되기도 한다.

마지막으로, 해외 의학 자료에서 찾아 본, 아래 관절염 환자에게 권장되는 바람직한 라이프스타일을 참조해 보자.

〈참고〉 관절염 환자에게 도움되는 생활습관

◇ **건강 체중 유지 & 건강 식단 유지**
- 산화 방지 음식(과일, 채소, 허브) 위주 식단 → 염증완화에 도움
- 생선과 견과류 → 염증완화에 도움
- 최소화해야 할 음식: 튀긴 음식, 유제품, 육류의 다량 섭취

◇ **정기적 운동**
- 정기적 운동 → 관절을 유연하게 해 준다. 단 과도한 운동은 금물!
- 수영이 좋다 → 관절에 부담을 주지 않기 때문

[자료출처] https://www.healthline.com/health/arthritis#diagnosis, 「What lifestyle changes can help people with arthritis?」 외

IV-4
오래 살기 수칙: 기타 잡다한 메디컬 정보

　의사, 그들은 누구인가? 슈바이쳐를 좇아 인간의 질병을 좋은 두뇌로 풀어, 그들의 수명과 질 좋은 삶을 가능하게 하는 구원자이자, 꺼져가는 생명을 살려 주기도 하는 은인. 한편, 환자를 환자로만 보는 차가움과 냉철함. 그 반복된 진료를 통해 보통은 엄청난 경제적 성취를 이루는 상류사회의 구성원. 그리고, 환자에게는 늘 높아 보이는 존재, 바로 그들이다.

　그들은 다정하지 않고, 대체로 친절하지 않다. 그리고 많은 것을 얘기해 주지 않는다. 환자로서 궁금한 의료지식에 대해 물어보기 너무 어려운 대상인 그들이, 자세히 알려 주지 않는 잡다한, 그러나 알아두면 딱 좋은, 메디컬 상식을 모아 보았다.

건강검진표(신체 성적표) 스스로 읽고 해석하기

   청명한 가을을 즐기고자 강변도로를 달렸다. 문득 앞서가는 고급 자전거에 달린 라디오의 스피커에서 고혈압이 전체 사망원인의 15%를 차지한다는 라디오 공익광고가 들려온다. 올해 건강검진시 예전에 없던 고혈압 진단을 받은터라, 조금 남다르게 다가온다. 혈압의 건강이 몸의 건강을 좌우하고, 수명에도 영향을 준다는 내 나름의 조사 결과를 나조차 큰 의미를 두지 않고 있다. 조금 의식을 바꿔야겠다. 조금 더 경각심을 가지고 건강검진표를 다시 한번 꺼내어 본다.

◆ [건강검진표] 주요 수치 항목과 '건강 목표'

항목	검사항목	일반적 기준	건강 목표	비고(설명)
혈압	혈압 (mmHg)	수축기 140 미만, 이완기 90 미만	수축기 120 미만, 이완기 80 미만	
			맥압: 40 미만	
당뇨	공복시 혈당 (mg/dl)	126 미만	100 미만	
고지 혈증	콜레 스테롤	HDL 40 이상	HDL 60 이상	좋은 콜레스테롤
		LDL 150 이하	LDL 100 이하	나쁜 콜레스테롤
	중성지방 (mg/dl)	200 미만	150 미만	혈중 수치가 높으면 LDL 을 강화

간	간기능 (간세포내 효소수치)	AST (SGOT)	▶ 지방간 등에 의해 간세포에 손상이 생기면 혈중수치가 높아지게 됨 ▶ 간기능 수치 해석은 각 항목의 액면 수치보다, 변화 양상 및 각 항목의 조합이 더 중요
		ALT (SGPT)	
		r-GTP	• 알콜성 간질환 판단지표로 활용

사람의 수명은 생물학적 건강 나이에 따라 결정되며, 이러한 생물학적 건강은 혈관의 상태와 직결된다고 한다. 혈관의 상태는 고혈압, 고지혈, 고혈당으로 불리우는 '3고'에 몇 개나 해당되는지를 살펴보면 알 수 있는데, 이 세 가지 항목 모두 우리가 매년 정기적으로 받는 건강검진표에 잘 표시되어 있는 지표인 것이다. 따라서, 우리는 어렵게 받은 우리 몸에 대한 성적표를 방치하지 말고 다시 꺼내어, 자신의 혈관이 얼마나 건강한 상태에 있는지를 꼭 살펴보아야 한다.

◆ 혈압 수치의 해석: '120/80'을 건강 지표로 활용, 맥압 '40' 미만

일반적인 혈압의 정상범주 수치는 140/90이다. 그럼에도 의료기관에서 권하는 건강인의 안정수치는 120/80이다. 따라서, 혈압수치가 그 중간쯤에 위치해 있다면, 표면상으로는 정상이지만 혈압에 대한 관리가 필요하다는 것을 의미한다. 혈압 관리에 있어 가장 쉽게 실행할 수 있는 방법이 '식단의 조정'인데, 무엇보다 짜게 먹는 습관이 고혈압에 치명적이므로, 염분 섭취를 줄이는 식습관을 가져야 한다. 이에 더하여 혈압이 높아 관리가 필요한 분에게 유익한 음식과 피해야

할 음식을 아래와 같이 정리해 보았다.

〈생활 속 건강 상식〉 고혈압에 나쁜 음식, 좋은 음식

피해야 할 음식	▶ 카페인의 과잉 섭취(커피 1일 2잔 이하로!) ▶ 알콜 음료(주 1~2회, 한번에 1~2잔 이내) ▶ 단 음식(설탕/꿀/물엿, 단맛 간식 등) ▶ 기름 많은 음식, 버터, 마요네즈 ▶ 밀가루 음식(빵/과자/도넛/라면), 인스턴트 음식
권장 음식	▶ 채소, 현미/보리/통곡류, 감자/고구마 ▶ 닭가슴살, 생선, 해조류 ▶ 우유, 청국장, 식초, 양파

더불어, 혈압의 수치와 관련하여 알아 두면 유익한 지표가 하나 있는데, 바로 **맥압**이다. 수축기 혈압에서 확장기 혈압을 뺀 수치로서, 이 수치는 통상 나이가 들면서 커지는데, 이는 혈관의 노화로 수축기 혈압이 상승하고 확장기 혈압이 감소하기 때문이다. 높은 맥압은 심장판막이 제대로 작동하지 않아서 심장이 피를 효과적으로 뿜어내지 못한다는 것을 의미하여, 의학계에서 권하는 맥압의 일반적 기준치는 40(mmHg)이고, 만일 60이 넘는 경우 혈관노화가 상당히 진행된 것으로, 뇌졸중이나 심혈관계 질환 발생확률을 높인다고 한다. 따라서, 본인의 맥압 계산을 통해 혈관의 건강을 살펴보는 것은 상당한 의미를 가질 것이다.

◆ 혈당 수치의 해석: 공복시 혈당 '100' 미만으로 관리

나의 경험을 토대로 본다면, 혈당 수치는 나이가 먹을수록 자연스럽게 올라가는 것 같다. 왜냐하면, 40살이 넘어 매년 행하는 건강검진에서의 혈당수치가 계속 올라가고 있기 때문이다. 그러나 나이가 듦에 따라 당연히 증가하는 것으로만 알고, 관리를 하지 않는 타성이 문제를 키울지 예상하지 못했다. 그러나, 고혈당은 몸에 불필요한 대사물질을 형성하고, 이 대사물질이 혈관벽에 달라붙어 혈액순환 장애 등을 초래하는 무서운 로직을 이해한 후로는, 혈당의 관리가 나의 중년 이후 건강에 매우 중요한 요소가 됨을 조금씩 이해하게 되었다. 건강목표는 공복 시 혈당 100(mg/dl) 미만이다. 다른 건 몰라도, 이 건강목표 수치라도 꼭 기억해 두자.

◆ 콜레스테롤 수치의 해석: 저밀도 '100~130' 미만으로 관리

건강검진표를 잘 살펴보면 두 개의 콜레스테롤 수치가 구분되어 표시되는데, 이중, 고밀도지단백질(HDL, high-density lipoprotein=HDL콜레스테롤)은 LDL콜레스테롤을 간으로 이동시켜 분해되도록 하여 동맥경화를 지연시키거나 감소시켜, 좋은 콜레스테롤이라 불리운다. 반면, 저밀도지단백질(LDL, low-density lipoprotein=LDL콜레스테롤)은 혈관에서 산화되어 및 플라크를 생성함에 따라 죽상경화, 동맥경화를 유발시키는 것으로 나쁜 콜레스테롤이라 불리운다. 혈액 내에 나쁜 콜레스테롤(LDL)과 중성지방의 수치가 높으면 혈관벽에 콜레스테롤 덩어리가 달라붙어 혈관이 자꾸

좁아지고 딱딱해(=경화)지는 것이다. 관련 질병인 고지혈증은 혈액 속에 콜레스테롤이 많아지는 질환을 말하며 이 질환이 있으면 동맥 경화 및 심장 질환에 걸릴 확률이 높아지는 것으로 알려진다.

◆ 간 수치의 해석: 의료진과 상담하여 해석할 영역

검진기관에 따라 간 수치의 검사 시 사용하는 방법은 다소간의 차이가 존재하나, 검진의 기본원리는 거의 동일하다고 한다. 흔히 사용되는 간수치 지표는 AST/ALT와 감마GTP인데, 검진을 통해 확인된 간 수치는 혈압 등 다른 지표에 비해 복잡하며 다양한 변수를 고려해야 하므로, 가급적 의료진에 의한 전문적인 해석이 필요하다. 예를 들어, AST/ALT 수치의 경우 혈중 정상치는 약 40U/L 이하로 알려지나, 이 수치가 높다고 하여 모두 위험한 것은 아니라는 것이다. 다만, 전년 대비 해당 수치가 크게 변한 경우에는 보다 진보된 검사를 통해 그 원인을 제대로 찾아 볼 필요가 크다. 즉, 간 수치의 해석과 진단은 의료진과의 상담을 통한 과학적 분별이 필요한 것이다.

'건강검진'의 종류와 그 항목별 의미

　우리나라 직장인들은 나름의 법규와 규정[79]에 따라 의무적으로 정기검진을 받아야 한다. 내가 다니던 직장에서도 1년 단위 건강검진 프로그램이 존재했고, 여러 사정으로 검진을 미루게 되면 인사부서에서의 경고장과 독촉메일을 받아들고 나서야 비로소 검진 일정을 잡는 동료들도 적지 않았다. 나이가 들면서 검진항목이 늘어나게 되고, 점검해야 할 질환이 늘어나게 마련이다. 따라서, 해마다 선택의 고민도 늘어나게 된다. 그럼에도, 다양한 특별검진의 종류와 세부항목에 대한 설명이 조금 부족하다는 생각이 들었다. 이에, 상대적으로 의미가 작은 검진항목만을 반복적으로 받게 되는 경우도 있었다. 건강검진 주요항목에는 어떠한 것이 있고, 그 항목별 그 의미에 대해 살펴보고자 한다.

◆ 건강검진 항목 – 성인 기준
　병원별로 다양한 건강검진 프로그램을 보유하고 있어, 세부항목에서도 약간의 차이를 두고 있다. 이 중에, 대표성을 가질 만한 주요 상급종합병원 건강검진센터 홈페이지에서 확인한 항목을 위주로 살펴보고자 한다.

....
79　산업안전보건법(제43조 '건강검진')에 의해 상시근로자의 건강관리를 위하여 사업주가 주기적으로 일반 건강진단을 실시토록 하고 있고, 위반시 과태료를 부과한다.

[일반 검진 – 30대 중반/40대 성인 일반]

주요 상급종합병원에서 운영 중인 건강검진 프로그램(일반 성인)을 기준으로 할 때, 대체로 다음과 같은 항목들이 포함된다.

검사항목	검사내용 (진단 질환)	비고
신체계측	신장/체중, 비만도, 혈압 측정	
청력검사	난청 등 기본(좌우) 청력 검사	
안과검사	시력, 안압, 안저 측정	
소변검사	단백뇨(지속 시 신장 질환 의심) 여부 관찰, 당뇨, 혈뇨 여부 관찰	
대변(잠혈) 검사	잠혈검사(대변에 섞인 미량의 혈액 검출) ▶ 대장암, 치질, 위장관 출혈 등 약식 진단	
폐기능검사	(기본 폐기능 검사 통해) ▶ **기관지천식, 기관지염, 폐쇄성 폐질환 점검**	
혈액검사	**종양표지자(간암,폐암,소화기암,전립선암 등) 검사,** 고지혈증, 간염, 간기능, 신장기능, 당뇨, 칼슘대사, AIDS, 감염질환, 갑상선기능	
심전도	(전기적인 활동성 기록으로) 심장 관련 이상 유무 관찰 ▶ **부정맥, 심근경색, 협심증 등 심장 질환**	
정신건강	우울증, 불안, 정서장애, 스트레스 평가	자가설문 필요
흉부-X선	폐질환(폐렴, 폐암, 기관지염), 늑막(늑막염), 심장비대 검사	
상복부 초음파	간, 담낭, 췌장, 신장, 비장 부위 관찰 * 정밀진단 필요 시 CT, MRI 이용	

위 내시경	식도, 위, 십이지장 관찰 및 종양 진단 ▶ **식도염, 위염, 위암 등**	대체검사법 (위장조영 촬영)
심박수변이 (HRV) 검사	심박 변이도(심박의 주기적인 변화)를 측정하여 환경요인에 대한 자율 신경계의 영향 관계를 분석 (교감신경 및 부교감신경의 활성 정도를 평가)	건강할수록 크고, 복잡한 수치
대사증후군	비만도, 혈압, 공복혈당, 중성지방 등 5대 대사지표를 기반으로 해당 여부를 측정	

〈참고〉 **종양 표지자(tumor marker)**

혈액검사를 통해 암세포의 존재를 추정하는 지표를 '종양표지자'라고 부르며,
암항원 19-9(췌장암,대장암 등), CEA(간암, 폐암, 대장암 등)을 비롯하여 다양한
표지자가 존재한다. 문제는, 암의 초기단계보다는 종양이 어느 정도 자란 후에,
혈액검사의 결과로 의심수치가 확인되는 경우가 많다고 한다.

[2단계 – 정밀, 선택검진]

유명 상급종합병원을 기준으로, 일반 건강검진은 통상 50만 원에
서 100만 원 정도가 소요되는 것으로 보인다. 일반검진 항목에 심화
된 검진항목을 몇 개 더하여 만들어진 프로그램은 100만 원을 넘어서
고, 선택되는 항목에 따라 매우 다양한 검진 프로그램을 운영하고 있
다. 프로그램 내 검진 항목이 늘어날수록 검사비용도 비례하여 증가
한다. 심화된 검진항목의 종류와 의미에 대해 간단히 알아보자(다만,
아래 항목 중 일부를 성인 일반검진의 기본항목에 포함하는 검진센
터도 있다).

검사항목	검사내용(진단 가능 질환)	비고
동맥경화검사 (PWV)	동맥 내 혈류가 지나가는 속도를 측정 ▶ **혈관의 탄력성과 혈관 내막의 침전도 진단**	
유방-X선 촬영	유방암 진단, 섬유화 조직 등 진단 (정밀진단: 초음파, 조직세포검사)	여성 항목
골밀도검사	골다공증 여부 검사	
PET-CT	방사성의약품의 정맥주사 후 몸의 상태를 영상화 (포도당의 분포 이상을 보고 암 등을 진단) ▶ **암 진단 및 주요 질병의 조기 발견**	양전자 방사선 의약품 이용
대장내시경	대장(결장, 직장, 항문) 및 소장 경계부위의 용종, 종양 유무 관찰/진단 ▶ **대장염, 대장암, 항문암 등**	
갑상선초음파	갑상선 및 목 주위 검사 ▶ **갑상선결절, 갑상선암, 주변 림프절 변화 진단**	
골반초음파	골반 내 장기(자궁,난소 등)를 기구를 넣어 관찰 ▶ **자궁근종, 자궁암, 난소암 진단**	
심장초음파	초음파로 심장의 구조와 기능, 혈류 등 평가 ▶ **심근경색 등 각종 심장 질환 진단**	
유방초음파	초음파로 유방 내 종괴, 유방암 등 유방질환 진단 (통상 유방x-선과 보완적 사용)	여성 항목
전립선초음파	항문을 통해 기구를 넣어 직장벽을 통해 전립선 점검 ▶ **전립선비대증, 전립선염, 결절 등 진단**	남성 항목
요추x선	요추의 구조 및 이상 유무 관찰	
운동부하검사	인위적 운동을 통해 심전도와 혈압을 측정 ▶ **심혈관계 질환 및 운동능력을 평가**	
관상동맥석회화 CT	조영제 투입 없이 관상동맥 내 칼슘축적으로 인한 석회화의 진행 정도를 측정 ▶ **심장혈관질환 위험도 간접 예측**	방사선량 최소화

저선량 폐 CT	방사선량을 최소화하여 폐를 3차원으로 점검 ▶ **폐암의 조기발견 목적(흉부x-선 대비 정확)**	
뇌 MRI	뇌조직과 혈관의 이상 여부 3차원 진단 ▶ **뇌출혈, 뇌종양, 뇌염 진단**	
뇌혈류 검사	뇌혈관 내 혈류속도 및 협착정도 측정 ▶ **편두통, 치매, 파킨슨병, 뇌졸중 위험 측정**	
경동맥초음파	경동맥(심장~뇌 혈액 통로) 혈류 등 측정 ▶ **뇌졸중 위험도, 동맥경화, 심혈관 질환 위험 측정**	
유전자 검사	혈액에서 분리한 세포에서 DNA를 추출하여 특정질병 관련 유전자를 분석 ▶ **향후 특정 질병발생 위험성을 평가**	
산화스트레스 검사	활성산소(인체를 공격하고, 노화를 유발) 수치 측정, 항산화능력(활성산소 방어능력) 검사	
NK세포 활성도 검사	암세포 제거기능 가진 필수 면역세포(NK세포)의 측정을 통해, 면역력을 평가	
내장지방CT (FAT CT)	지방(피하지방, 내장지방)량을 측정	

◆ 검진의 종류와 검진의 심화단계

특정 부위에 대한 검진도 매우 다양한 방법으로 이루어진다. 예를 들어, 유방암의 진단에 있어 유방X-선 촬영방식이 기본적으로 활용되고, 이어 유방초음파 방식도 흔히 이용되지만, 미세한 규모의 암세포의 진단을 위해서는 CT, MRI, PET(양전자 방출 단층촬영술) 등 심화된 방법이 활용되는 것이다. 폐암진단의 경우에도 흉부X-선 촬영이 기초 단계에서 간편하게 활용되는 검사법이지만, 작은 규모의 혹을 발견하기 어렵고 다른 장기에 가려진 혹을 놓칠 여지가 있기에,

흉부 CT와 같은 심화된 검진의 중요성이 증가하고 있다고 한다.

통상적으로는 검진 단계가 복잡해지고 심화될수록, 미세 규모의 암세포 관찰이 가능하여 검진 정확도는 올라가게 되지만, 그 검진의 난이도나 비용부담, 그리고 정확도를 종합적으로 고려 시 단계별, 진단기술별로 가지는 각 검진종류별 배타적인 장점을 무시할 수는 없을 것이다.

〈참고〉잘 알려진 주요 검사방법 비교

검사방법	설명	장/단점
초음파	• 몸속으로 초음파를 쏴서 장기 등에 반사되어 돌아오는 초음파를 영상화	• 짧은 검사시간 • 비용 저렴 • 움직이는 것 확인 가능
CT (컴퓨터단층촬영)	• 진단용 방사선을 이용, 인체의 횡단면을 촬영하여 3차원 입체화 • X선 대비 인체조직을 정확하게 보여주고, 움직이는 장기 진단도 우수	• 짧은 검사 시간 • MRI 대비 저렴 • 소량 방사선 피폭
MRI (자가공명영상)	• 자기장으로 전파를 발생시켜, 인체가 자기장에 반응하는 신호를 분석하여 영상화 • 뇌, 척추, 관절, 혈관, 신경관찰에 장점(CT 대비)	• 방사선 없음 • CT 대비 많은 비용
MRA (뇌 자가 공명혈관 조영검사)	• 혈관에 조영제를 투여해 혈관 이미지를 관찰하여, 뇌혈관계 질환 등을 확인 • 뇌혈관의 세밀 형태나 뇌혈류의 흐름 검사에 유용	• 뇌혈관 질환에 대한 정밀도 높음 *뇌 MRI와 병행 사용 가능

◆ 이상적인 건강 검진 주기: 미국의 현황

다른 나라의 일반적인 건강검진의 주기에 대해 살펴보자. 미국의 유명 의학 사이트(www.emedicinehealth.com)에서는 정기 검진의 주기에 대해 설명하고 있는데, 과거에는 1년 단위 검진을 주장하는 기관이 많았지만, 지금은 그렇지 않다는 설명과 함께, 40세까지는 5년에 한 번이면 되고, 40세 이후에도 1~3년에 한 번 검진이면 충분하다는 취지로 설명하고 있다.

〈참고〉 정기검진의 이상적 주기(미국의 트렌드 변화)

과거, 미국의 저명한 메디칼 그룹들은 대체로 1년 단위 건강검진을 주창하여 왔는데, 최근에는 미국 의료 협회(American Medical Association) 등 많은 의료단체들은 1년 단위 검진 입장에서 조금 후퇴하는 흐름이라고 한다. 대신에 통상의 정기 건강검진 기준으로, 18세 이상 성인인 경우 40세까지는 매 5년에 한 번을 제안하는 한편, 40세 이후에는 매 1~3년에 한 번 정도가 적당하다는 의견을 제하고 있으니, 참고하자.

[자료 참조] www.emedicinehealth.com/checkup/article 외

그러나, 개인별 사정이 다르므로 이상적 검진주기에 대한 정답은 없는 것 같다. 즉, 자신의 몸에 불편한 징후가 감지되거나, 기존 검진에서 추적관찰을 요구하는 등 유의해야 할 항목이 있다면 1년 이내 단위의 검진을 통한 점검이 꼭 필요하다고 보고, 그렇지 않은 경우에는 개인의 경제적 사정이나 건강 정도를 감안하여, 조금 유연하게(2년에 한 번 정도) 접근해 볼 필요가 있다고 나는 생각한다.

내시경 관련 이슈:
필요성 vs 부작용

과거 폐암 진단으로 청주의 종합병원에 입원해 계시던 아버지는, 한국전쟁 3년을 꼬박 전장에서 보내신 분으로, 두려움이 없고 남자로서 보여줄 수 있는 '깡다구'는 최고 수준이신 마초남이었다. 동네 사람들도 아버지의 차돌 같은 모습에 늘 감탄하곤 했는데, 아버지가 두려워하시던 것이 있었으니, 그것은 바로 내시경 검사였다. 길다란 호스가 목구멍으로 넘어가는 것을 견딜 수 없어 하시던 아버지는, 이내 병원 입원실을 박차고 나오는 상황으로 이어졌는데, 당시 수면내시경이 활성화되지 않았고, 내시경 검사 중 누군가 숨을 쉬지 못해 사망했다는 괴담마저 아버지를 힘들게 했던 것으로 기억한다.

◆ 내시경: 장점과 부작용

내시경 검사는 일반적으로 안전하다고 알려진다. 즉, 걱정할 정도는 아니나, 아래에 열거한 것처럼 아주 가끔 발생할 수 있는 위험이 존재하기는 한다. 다만, 검사를 준비하는 과정에서의 전달받은 주의사항과 지침을 잘 이행(예: 금식, 특정 약제의 투약 중단)하는 것만으로도 대부분의 위험은 제거할 수 있다고 알려진다.

· 출혈: 티슈조각을 제거하거나 소화기관 치료 과정에서 발생 가능
· 감염: 감염 위험은 낮으나, 추가적 조치 과정에서 발생

- 위장관 찢어짐: 처치 과정 중 식도나 상부 소화기관에서의 찢김
- 진정제 알러지 반응

수면내시경은 약물을 통한 급속 수면유도를 통해, 호스가 목구멍으로 넘어갈 때 느껴지는 구역질이나 통증 없이 검사를 받을 수 있어 많이 사용하는 방법이다. 한편, 수면 유도에 사용되는 약제가 가지는 약리적 부작용은 알아 둘 필요가 있는데, 프로포플과 미다졸람이라는 대표적인 수면유도용 약품이 가지는 부작용은 일반 검진자가 걱정할 정도는 아니라고 보나, 이러한 수면유도제 복용 시 혈압이 갑자기 떨어질 수 있다고 하니, 고혈압 환자의 경우에는 조금 주의가 필요하다고 본다.

◆ 내시경: 조심스럽지만 한번 생각해 볼 주제

내시경과 관련하여 또 하나의 이슈는, 신체 장기에 인위적인 기구가 삽입되는 정기적인 내시경 검사가 과연 필요한 것인지에 대한 근원적 의문이다. 나는 의료전문가는 아니지만, 그 사람의 건강상태나 질병이력과 무관하게 통상적으로 권장되는 1년 단위 내시경 검사가 꼭 필요한 것인지, 일반인으로서의 궁금증을 가진다. 찾아 본 미국의 의료 사이트에서도 꼭 일률적으로 1년 단위의 정기검진을 받아야 한다기보다는, 어떠한 경우에 내시경검사가 필요한지와, 내시경검사의 전후에 환자가 지켜야 할 수칙이나 의료진의 설명 의무 등에 대해 강조하고는 있는데, 우리와 같이 1년 단위 반복적 검진에 대한 주장을

쉽게 찾을 수는 없었다.

위내시경에 비해 훨씬 더 복잡한 준비 과정이 필요한 대장내시경을 포함하는 경우라면 그 부작용의 빈도가, 일반적 예상을 상회하는 수준이라고 한다. 조금 지난 자료이긴 하지만, 아래 미국의 사례를 살펴보자면 적지 않은 빈도로 나름 심각한 부작용을 경험한 것으로 보인다.

〈참고〉 125명의 환자 중 2명꼴로 부작용(대장내시경, 2010년 미국 통계)

2010년 중 미국에서 행해진 32만 5천여 명의 대장내시경 시술 환자 중 1.6%가 시술 후 일주일 내 병원이나 응급실을 찾는 등 다소 심각한 합병증을 유발한 것으로 확인된다. 예일센터(Yale Center)의 의료질 측정프로그램 이사이자 의학박사인 엘리자베스 다이어(Elizabeth Drye, MD)는, "어떤 이들에게 1.6% 자체는 높아 보이지 않을 수 있으나, 얼마나 많은 건강한 사람들이 이러한 대장내시경 절차를 통해, 오히려 나쁜 결과를 받아들게 되는지는 생각해 볼 필요가 있다"고 말하며, 대장내시경 시 고려할 사항에 대해 주의를 환기시키고 있다.

[출처] The Journal Gastroenterology (2016. 1월호)

그럼에도 나는 아마도 내년, 그리고 그 다음 해에도 정기 위 내시경 검사를 받아야 할 것 같다. 그리고 몇 년에 한 번을 주기로 다시 대장내시경을 선택하게 될 것이다. 삼십대 중반 이후로 매년 내시경을 중심으로 하는 종합검진시스템에 이미 익숙해 있고, 우리의 종합건강검진 체계와 의료문화가 계속 그것을 권장하고 요구할 것이기 때문이다.

◆ 내시경: 준비법

내시경의 일반적 준비 사항에 대해서도 알아 두자. 언제부터 금식을 해야 하는지, 물도 마시면 안 되는지에 대한 의견은 의외로 분분하다. 검진 비용과 검진 과정에서의 수고를 고려한다면, 준비 사항의 준수를 통해 효과적 검진을 도모하는 것이 현명하다. 다음과 같은 사항을 중심으로 준비하면 좋겠다.

· **음식과 물의 섭취 중단: 물도 마시지 않는 것이 좋다**
- 내시경 검사를 하기 전 8시간 정도는 물도 마시지 않는 것이 좋다고 한다. 따라서 다음날 오전 검진자의 경우 전일 9시 이후에는 아무것도 먹지 말라고 권유하는 것이다.

· **특정 약품(아스피린, 당뇨, 혈압약 등) 복용 조절: 사전 상담 필수**
- 아스피린(항응고성), 당뇨 약은 중지해야 하는 것으로 알려지고, 혈압약은 상담을 통해 복용 여부 결정 필요

· **약물 알러지 정보 공유**
- 진정제가 혈관을 통해 투입되므로, 약물 알러지 경력이 있다면 검진센터와 반드시 공유하여, 약물 알러지 반응으로 인한 위험을 제거해야 한다.

[쉬어가기] 그들이 께리는 음식:
미국의사의 기피 음식물

의사들은, 인간의 건강과 관련된 다양한 지식과 정보를 섭렵하고 있을 것이기에 그들이 가까이 하지 않는 음식은, 눈여겨 볼 필요가 있을 것이다. 그러한 음식에는 우리가 너무 흔히 접하는 아이스크림이나 다이어트 음료, 가공육 등이 두루 포함되어 있다. 최신 생활의학 정보 제공으로 유명한 웹매거진「리틀띵스(littlethings)」에서 알려 주는 의사들이 기피하는 음식[80]은 다음과 같다.

- 가공육(Processed Meats, 베이컨, 햄, 소시지 등)
- 가공육엔 보통 방부제와 다량의 지방, 콜레스테롤 등이 들어간다.

- 다이어트 음료(Diet Soda)
- 음료에 들어가는 다량의 인공감미료는 뇌에 좋지 않다고 알려진다.

- 전자레인지 팝콘(Microwave Popcorn)
- 버터향 인공버터기름이 다량의 트랜스지방을 머금고 있다.

....

80 자료 출처: www.littlethings.com_Doctor's Orders: Eight Unhealthy Foods That Physicians Never Eat [by Rebecca Endicott]

· 기름기를 걷어낸 우유(Skim Milk, 무지방우유)
- 일반 우유가, 무지방 우유 대비 높은 영양과 오랜 포만감을 제공한다.

· 인공 색소(Artificial Colorings)
- 사탕이나 어린이용 과자에 들어간 인공색소가 몸에 좋을 리 없단다.

· 고과당 옥수수 시럽(High-Fructose Corn Syrup)
- 이것이 높은 비율의 비만과 제2형 당뇨와 깊이 연관되어 있다고 한다.

· 백색 밀가루(White Flour)
- 밀가루 자체도 별로지만, 통밀가루(whole flour)에 더 많은 비타민이 있다.

· 아이스크림(Ice Cream)
- 높은 수치의 호르몬, 인공첨가물에 더하여 많은 설탕을 함유한다.

자! 이제 앞으로는 위에 열거된 맛나는 음식과 음료를 먹더라도, 그들에 감춰진 불편한 진실과 잠재적 손상(damage)에 대해서는 알고 나 먹자.

[쉬어가기] 심폐소생술:
과연, 우리는 할 수 있나?

심폐소생술[cardiopulmonary resuscitation]이란, 갑작스런 심정지 상태의 환자에 대해 뇌정지 등 극한상황에 이르는 시간을 지연시키는 목적으로 시행하는 기술로서, 흔히 'CPR'로도 불리운다. 보통 '가슴압박술'과 '인공호흡'을 병행하여 실시하는데, 방송이나 영화에서 쉽게 볼 수 있고, 민방위 훈련에서도 최소한 한번씩은 간접적으로 접해 보았을 것이다.

그러나, 실제 상황, 그것도 위급한 상황에서 과연 우리는 실행할 수 있는가? 우리의 기술이 절실히 필요한 상황, 그리고 누군가에겐 생명의 은인이 될 수도 있는 그 순간, 아마도 대부분의 우리는 당황할 뿐, 적극적으로 달려들 엄두를 내지 못할 것이다. 아래에서는, 화면으로 보기는 쉽지만 실제 행하기는 어려운 심폐소생술의 핵심 키워드를 위주로 조금 알아보고자 한다. 위급할 때 꼭 기억하자.

◆ 심폐소생술의 목적: '시간'을 버는 것

위급 시 행하는 심폐소생술의 목적은 심장을 다시 뛰게 하는 것이 목적이 아니란다. 즉, 영화에서처럼 상대방이 벌떡 일어나는 소생을 기원하는 것이라기보다는, ① 산소가 공급된 혈액이 뇌와 심장으로 조금이라도 흘러가도록 인위적으로 자극하여, ② 세포의 괴사(죽음)를 지연시켜, 영구적 뇌손상을 막아 보려는 절체절명의 기회(이른바, 'Golden Time')를 살려보자는 것이다.

◆ 실행단계: 가슴압박술 〉 인공호흡술

미국의 자료를 참고하자면, 올바른 가슴 압박술이 인공호흡술보다 강조되는 흐름이라고 한다. 이는 아마도 우리와 같은 일반인은, 정확하고도 도움이 되는 인공호흡을 진행하기 어렵기 때문이 아닐까 한다. 다만, 어린이에게 행하는 경우에는 흉부 골절 등 다른 문제가 생기지 않도록 유의해야 한다.

[가슴 압박술]

효과적인 가슴압박은 뇌와 심장으로 충분한 혈류를 전달하기 위한 중요한 절차다. 그 방법이 막연하다면, 아래의 그림을 참조해 보자.

가슴압박술	설명
 Getty Image Bank 〈압박의 위치와 손 모양 그림〉	① 가슴의 중앙(정확하게 가슴. 즉, 젖꼭지의 중간쯤)에 한쪽 손을 대고, 다른 한 손을 그 위에 포개어 깍지를 낀다. ② 팔꿈치를 곧게 펴 체중이 실리도록 하되, 본인의 팔과 환자의 가슴이 수직이 되도록 한다. ③ 강하고 규칙적이고, 빠르게 (100~120/분) 시도한다. * 성인기준, 압박 깊이는 약 5~6cm 가적당

[인공호흡술]

국외자료를 기준으로 할 경우, 가슴압박을 우선으로 하지만 자신이 있다면 인공호흡으로 숨 불어넣기를 병행하는 것이 더 효과적일 것이다. 이때, 가슴압박과 숨 불어넣기의 비율은 15:1 또는 15:2 정도가 적당하다고 한다.

(구강 대 구강)인공호흡술	설명
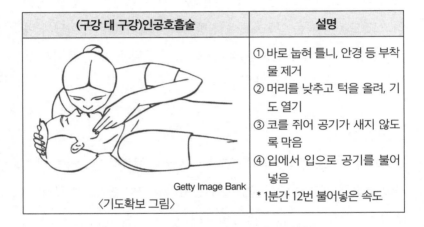Getty Image Bank 〈기도확보 그림〉	① 바로 눕혀 틀니, 안경 등 부착물 제거 ② 머리를 낮추고 턱을 올려, 기도 열기 ③ 코를 쥐어 공기가 새지 않도록 막음 ④ 입에서 입으로 공기를 불어넣음 * 1분간 12번 불어넣은 속도

◆ 기억해 둘 세 가지: 나머진 다 잊더라도

다른 것은 다 잊더라도 처치별로 각각 다음의 세 가지를 꼭 기억하자.

1. 가슴압박 절차: 가슴 압박 시 다음 세 가지를 기억하라.

▶ 정확히 가슴부위(두 젖꼭지 사이 중간)를 체중을 실어 압박한다
  - 한손을 펼쳐서 대고, 그 위에 다른 손을 같은 방향으로 겹쳐서
▶ 가슴압박 주기: (성인) 분당 100~120회
▶ 가슴압박 깊이: 5~6cm

2. 인공호흡 절차: 인공호흡에서의 다음 세 가지를 기억하라.

▶ 턱을 올려 기도를 확보하라
▶ 코를 막고,
▶ 입에서 입으로 숨을 불어 넣으라 (1분에 12번. 즉, 5초에 한 번)

Epilogue

국내와 국외의 질 높은 의학정보를 찾아보는 기쁨으로 공부하고 정리하면서 놀라웠던 점은, 무작정 많은 정보를 섭렵하려는 욕심이 자연스럽게 사라지는 반면, 나름 정제된 의학정보를 추려서 남과 공유할 수 있는 논리적 로직이 나도 모르게 만들어지는 느낌을 받았다는 것이다. 특히, 다양한 소스를 통해 여러 질병의 개념과, 징후/증상, 그 예방법을 비교, 반복적으로 익히다 보니, 신문이나 방송을 통해 새롭게 쏟아져 나오는 무한의 의료정보가 부담스럽고 두렵기보다는 조금 쉽게 다가오는 한편, 대부분의 주요 질환을 관통하는 발병원인이나 예방법에 대한 전반적 이해도가 높아짐을 자연스럽게 느낄 수 있었다.

또한, 암, 심장, 뇌혈관 질환마저도 막연한 두려움으로 다가오기보다는, 보통의 대중들보다 조금 넓은 의학정보를 두루 접하고 이해하게 됨에서 오는 자신감과, 이로 인한 심리적 안정감이 커져 있음에 큰 보람을 느끼게 되었다.

첫 시작머리의 표현대로, '주제 넘는 주제'로 첫 글을 시작한지 10년이 넘어서야, 내 생애 한 권의 책을 마무리하게 된다. 의사나 약사가 아닌 자가 감히, 의학과 약학 관련 주제를 다루는 무모함으로 보여지기보다는, 그들이 아니기에 조금 더 가볍고 읽기 쉬운 내용을 담는 용기로 비춰지기를 감히 기대해 본다. 부디, 나와 여러분들의 지속된 건강과, 병으로부터 늘 자유로운 최고의 복과 행운이 함께하기를 기원한다.

Appendix

〈부록 1〉

어려운 의학 용어, 약학 용어: 쉽게 이해하기

〈부록 2〉

특정 성분이 함유된 음식 정리

〈부록 1〉 어려운 의학 용어, 약학 용어: 쉽게 이해하기

용어명	설명	비 고
경구투여	약을 '입'으로 먹는 것	oral administration
연하곤란	음식을 삼키기 어려워 하는 증상	dysphagia
서방정	몸에 천천히 흡수되도록 하여, 약효의 오랜 지속을 도모한 알약을 두루 이르는 것	특정 약제의 명칭이 아님
백선	'버짐'이라고도 부르는 피부 질환 * 무좀='족부백선'	ringworm
건선	마른 버짐	Psoriasis
소양증	피부 가려움증	pruritus
신장애	주로 약물이 원인이 되어서 생기는 신장 부위의 장애를 통칭	kidney disorder
비강	코 안의 좁고 빈 공간	nasal cavity
치은	'잇몸'을 전문적으로 부르는 한자어 표현	gums
객담	기침 등을 통해 나온 끈적한 형태의 분비물(=가래)	sputum
장폐색	장의 일부 또는 전부가 막혀 음식물이 잘 지나가지 못하는 증상(=창자막힘증)	intestinal obstruction
저작력	음식을 이빨로 씹는 힘	digestive power
바렛식도	위식도 역류질환의 일종으로 위와 식도의 경계부위를 덮고 있는 납작한 형태의 정상 세포가 길죽한 형태의 세포로 바뀌는 증상	Barrett esophagus
선암 (=샘암)	'샘암'의 옛날 말 * 샘암: 샘세포에 생기는 암	adenocar-cinoma
중이	귀의 고막 안의 공간	middle ear
성문	(후두의) 두 성대 사이에 있는 삼각형 모양의 공간	glottis

양성 (반응)	의학적 검사 결과, 특정 반응이 나타나는 현상 (병이 의심되는 상황)	positive reaction
음성 (반응)	의학적 검사 결과, 반응이 없거나 기준 미달의 반응이 나타나는 현상 (병이 의심되지 않는 상황)	negative reaction
생검	내장기관에서 뽑아낸 체액이나 잘라낸 조직을 이용하여 정밀하게 검사하는 것	biopsy
관장	검진이나 치료를 목적으로 약물 등을 투입 또는 복용하여 장을 온전히 비우는 것	enema
흉막	좌우 허파의 안쪽을 덮고 있는 막	pleura
복막	복부 내장의 표면 등을 덮고 있는 막	peritoneum
흉강	폐와 심장이 소재하는 가슴 부위 공간	thoracic cavity
복강	위, 간, 췌장, 신장 등 중요한 장기가 소재하는 배 부위의 내부 공간	abdominal cavity
횡경막	흉부(가슴 부위)와 복부(배 부위)의 경계에 있는 근육막	위로 심장/폐, 아래로 위/간 접함
종괴	염증 등이 원인이 되어 신체 내부 '조직'이나 '장기'에 발생한 덩어리	lump
의약외품	의약품에 비해 사람의 몸에 작용(fuction) 하는 정도가 경미한 물품을 두루 말하며, 보건용 마스크, 붕대, 구강청정제 등이 여기에 해당된다.	醫藥外品

〈부록 2〉 특정 성분이 함유된 음식 정리

1. 주요 식품 중 포화지방/콜레스테롤 함유량

항목		총지방 (g/100g)	포화지방 (g/100g)	콜레스테롤 (mg/100g)
기름류	돼지기름	100	40	100
	쇠기름(우지)	100	46	100
	옥수수기름	100	13	0
	홍화유	100	6	2
	참기름	100	14	0
	코코넛유	100	85	1
	팜유	100	48	1
	해바라기유	100	10	0
	올리브유	100	12	0
마가린		82	22	1
버터		85	51	200
마요네즈		73	8	212
호두		69	7	0
달걀		11	3	470
우유		4	2	14
아이스크림		14	8	32
도넛		23	6	110

[출처] 농촌진흥청, 소수 첫째자리에서 반올림.

2. 칼륨이 많이 들어간 음식

• 해산물 • 육류 • 계란 • 유제품 • 채소/과일 • 견과류 • 콩, 두부

3. 섬유질(fiber) 많이 들어간 음식

• 과일 • 채소 • 야채 • 콩류 • 통곡물 • 견과류

4. 카페인이 들어간 음식, 음료

• 초콜릿 • 커피, 녹차, 홍차 • 에너지음료, 콜라 • 두유 • 아이스크림 등

참고문헌, 참고자료

- 구글 〈www.google.com〉
- 메이요클리닉 웹사이트 〈https://www.mayoclinic.org〉
- 다음 백과 사전 〈http://100.daum.net〉
- 다음 블로그 〈http://blog.daum.net/〉
- 네이버 지식, 블로그 〈www.naver.com, https://search.naver.com〉
- 위키피디아 〈https://en.wikipedia.org〉
- 캠브리지 사전 〈https://dictionary.cambridge.org〉
- 대한민국정책브리핑 〈www.korea.kr〉
- 건강보험심사평가원 홈페이지 〈www.hira.or.kr〉
- 식품의약품안전처 홈페이지 〈www.mfds.go.kr〉
- 약학정보원 홈페이지 〈www.health.kr〉
- 보건복지부 홈페이지 〈www.mohw.go.kr〉
- 대한암협회 홈페이지 〈www.kcscancer.org〉
- 중앙치매센터 홈페이지 〈www.nid.or.kr〉
- 리더스다이제스트 웹사이트 〈www.rd.com〉
- 이 메디신헬쓰 웹사이트 〈www.emedicinehealth.com〉
- 『미처 몰랐던 독이 되는 약과 음식』(야마모토 히로토, 넥서스 BOOKS)
- 『약이 사람을 죽인다(Death by Prescription)』(레이 스트랜드, 웅진 리빙하우스)

- 『과일의 신비』(임열재 교수)

- 『암은 없다』(황성주 교수)

- 『동의수세보원』(사상의학 창안자 이제마 선생님 著, 정용재 역, 글항아리)

- 식품의약품 안전처, 『약과 음식 상호작용을 피하는 복약안내서』

- 대한내과학회 홈페이지 〈www.kaim.or.kr〉

- 자생한방병원 홈페이지 〈www.jaseng.co.kr〉

- 헬스조선 의료정보 기사 〈health.chosun.com〉

- 서울대학교 병원 의료 정보 〈https://www.facebook.com/KSNUH/〉 외

- 세브란스병원 웹진 〈http://blog.iseverance.com/sev〉

- 고대의료원 홈페이지 〈www.kumc.or.kr〉

- 한양대학교 병원 홈페이지 〈seoul.hyumc.com〉

- 서울아산병원 홈페이지, 건강검진센터 〈www.amc.seoul.kr〉

- 건국대병원 홈페이지 〈www.kuh.ac.kr〉

- 삼성서울병원 홈페이지 〈www.samsunghospital.com〉

- 강북삼성병원 종합검진센터 〈health.kbsmc.co.kr〉

- 위키피디아 〈https://en.wikipedia.org〉

- 캠브리지 사전 〈https://dictionary.cambridge.org〉

- 리틀팅쓰 홈페이지 〈www.littlethings.com〉

- 플로리다병원 홈페이지 〈www.floridahospital.com〉

- 미국 암협회(National Cancer Institute) 〈www.cancer.gov〉

- 이메디신헬쓰 홈페이지 〈www.emedicinehealth.com/checkup〉

- WebMD Medical Reference

- 미국 당뇨협회(American Diabetes Association) 홈페이지

- 싱가폴헬스익스체인지 홈페이지 〈www.healthxchange.sg〉

- www.hsph.harvard.edu/nutritionsource

- www.eyehealthweb.com/eye drops
- www.fedhealth.co.za/healthy-living-tips/12-secrets-to-longevity
- www.naturallivingideas.com,news.illinois.edu
- www.psychologytoday.com
- www.healthline.com
- www.longevity.about.com
- https://familydoctor.org/types-of-antidepressants
- www.emedicinehealth.com/checkup/article
- www.healthline.com/health/arthritis#outlook
- www.safemedication.com/safemed/PharmacistsJournal/Food-Drug-Interactions,
- www.betterhealth.vic.gov.au/health/conditionsandtreatments/medicines-and-side-effects
- 네이버 블로그: "양한방 척추질환 허리디스크_머리 어깨 무릎 허리"(2009.3.27., http://blog.naver.com/md1season)
- (상비약) 연고의 종류와 사용(http://blog.naver.com/PostView.nhn?blogId=zero-s&logNo=220830253185)
- www.emedicinehealth.com/cancer_symptoms_Introduction to Cancer Symptoms and Signs
- 메디칼트리뷴 〈http://www.medical-tribune.co.kr〉
- https://kidshealth.org/en/parents/
- Lung cancer care at Mayo Clinic
- Stomach cancer care at Mayo Clinic
- Acute Myocardial Infarction 〈www.healthline.com〉
- www.livestrong.com/The Best Food to Eat When You Have a Cold

- Endoscopy(https://www.mayoclinic.org/tests-procedures/endoscopy/about)
- Side Effects of Endoscopy(https://www.floridahospital.com/)
- https://www.healthline.com/health/arthritis#diagnosis, 「What lifestyle changes can help people with arthritis?」
- "헛개나무 효능 알아보자"(새로운 얼굴, https://vivasin.tistory.com/68)
- 블로그: 항생제 계열, 종류, https://lazielife.blog.me/220999424224, 작성자 Mori
- [갑상선암] 갑상선암의 종류및수술|작성자 소람이, http://blog.naver.com/PostView.nhn?blogId=soramtx&logNo=80139415234
- 갑상선암의 수술적 치료, http://cafe.daum.net/adult-disease/BM0A/

언론, 신문 보도내용 참조

- "슬금슬금 치매…예방법은 잊지 마세요" (한겨레)
- "오늘이 몇월 며칠이지… 혹시 나도?" 치매의 증상 (문화일보)
- "툭 하면 잊어버려"… 나이 들어 그렇다고요?" (문화일보)
- "한약과 양약의 혼용: 의사 & 한의사 윤영주 교수의 동서의학 기행] 한약재 건강식품 맹신의 위험" (부산일보, 2012.2.13.)
- "이 나이에 설마 하다가…30·40대에 돌연사" (조선일보, 2008.5.29.)
- "집에 방치된 약, 무심코 먹었다간 큰일!" (SBS TV, 2008.1.22)
- 약이 독이 될 수도? 노년층, 증상 같다고 같은 약 먹으면 안돼 (헬스조선)
- "30대 이후 잇몸, 플라크에 빠져 바람날라" (한겨레신문)
- "많이 걸어라, 새 지식 쌓아라, 누구든 만나라.."(중앙일보, 2018.11.12.)
- "3고 없는 혈관 가진 당신, 몇 살이든 젊은 오빠" (중앙Sunday, 2018.9.29.)
- 미세먼지에 건강관리 '비상'…"물·마스크는 필수품" (2018.11.27.연합뉴스)
- 대형병원으로의 환자 쏠림과 서비스 관련 보도 (2018.9.3. KBS뉴스)
- 진료비 계산서·영수증 세부산정내역 표준서식 제정 (약업신문, 2018.1.30.)
- 30·40대에 돌연사? 당신도 그럴 수 있다면? (조선일보, 2008.5.29.)
- "5대 서구형 질병" 조기에 발견하려면? (조선일보, 2008.5.29.)
- 장 건강 지키고 대장암 막는 습관 5 (코메디닷컴, 2017.10.14.)
- jtbc 뉴스룸 과잉진료 및 실손보험료 인상 관련 보도 (2017.2.4.)

- "두통, 종류에 따라 진통제 제대로 써야 증상 완화 효과" (헬쓰조선, 2016.11.15.)
- KBS 생로병사의 비밀: 누구도 예외일 수 없다 치매 (2018.12.22.)
- "타미플루 부작용 안 알린 약사 과태료..의사는 제재 못해" (중앙일보, 2018.12.27.),
  https://news.v.daum.net/v/20181227001034712?f=m
- New England Journal of Medicine (나쁜 공기 운동 & 심장병 위험)
- https://www.drugs.com/article/antibiotics.html
- 항생제 계열, 종류 https://lazielife.blog.me/220999424224
- "스쿼트로 허벅지 다지면 지방대사율 높아져 간도 튼튼" (중앙Sunday, 2018.12.29.)
- "신세대 항우울제, 치매 치료에도 효과" (서울경제, 2018.10.16.)
- "고령화의 그늘…65세이상 노인 10명중 1명 치매" (매경뉴스, 2018.12.30.)
- 의사가 알려 주는 연령별 필수 '건강검진 리스트' (헬스경향, 2019.01.02.)

의사와 약사가 알려 주지 않는

의학상식
약학상식

ⓒ 박종하, 2019

초판 1쇄 발행 2019년 4월 19일
2쇄 발행 2021년 5월 3일

지은이   박종하
펴낸이   이기봉
편집   좋은땅 편집팀
펴낸곳   도서출판 좋은땅
주소   서울 마포구 성지길 25 보광빌딩 2층
전화   02)374-8616~7
팩스   02)374-8614
이메일   gworldbook@naver.com
홈페이지   www.g-world.co.kr

ISBN   979-11-6435-234-0 (03500)

이 도서의 국립중앙도서관 출판예정도서목록(CIP)은 서지정보유통지원시스템 홈페이지(http://seoji.nl.go.kr)와 국가
자료공동목록시스템(http://www.nl.go.kr/kolisnet)에서 이용하실 수 있습니다. (CIP제어번호 : CIP2019013755)